U0935385

计算机网络技术专业职业教育新课改教程

Linux服务器配置实训教程

主　编　郝维联

副主编　王述国　黄要武

参　编　薛晓颖

机 械 工 业 出 版 社

Linux系统凭借其安全、稳定、高效的特点，被越来越多的人接受。本书围绕Linux应用的重点内容——各类网络服务器的典型配置应用展开详尽的阐述。全书共分13章，内容涉及Linux系统维护的基础知识、SHH远程登录的实现、DNS服务器、Apache服务器、FTP服务器、包过滤防火墙、代理服务器、DHCP服务器、邮件服务器、Samba服务器、MySQL数据库服务器、路由器、VPN等内容。

本书内容选择考虑网络应用实际，项目情境逼真，配置典型、详细，语言通俗易懂，书中项目实例结合客户实际需求稍作改动即可投入真实的网络环境得以应用。

本书可以作为各职业院校计算机网络专业的教材，Linux培训用书，也可以作为Linux爱好者的参考用书。

本书配有教师授课用电子课件及软件包，可到机械工业出版社教材服务网www.cmpedu.com注册，并免费下载，或联系编辑咨询（010-88379194）。

图书在版编目（CIP）数据

Linux服务器配置实训教程/郝维联主编. —北京：机械工业出版社，2009.8（2022.7重印）

计算机网络技术专业职业教育新课改教程

ISBN 978-7-111-28161-0

Ⅰ. L… Ⅱ. 郝… Ⅲ. Linux操作系统—职业教育—教材 Ⅳ. TP316.89

中国版本图书馆CIP数据核字（2009）第151548号

机械工业出版社（北京市百万庄大街22号 邮政编码100037）

策划编辑：孔熹峻 梁 伟　　责任编辑：梁 伟

责任校对：姜 婷　　封面设计：鞠 杨

责任印制：刘 媛

涿州市般润文化传播有限公司印刷

2022年7月第1版第11次印刷

184mm×260mm · 12.75印张 · 310千字

标准书号：ISBN 978-7-111-28161-0

定价：42.00元

电话服务	网络服务
客服电话：010-88361066	机 工 官 网：www.cmpbook.com
010-88379833	机 工 官 博：weibo.com/cmp1952
010-68326294	金 书 网：www.golden-book.com
封底无防伪标均为盗版	机工教育服务网：www.cmpedu.com

前言 Preface

Linux操作系统基础课程在很多学校已经开设多年，可爱的小企鹅再也不显得陌生，它已经和众多爱好者成为朋友。然而Linux更突出的表现是在各种网络服务领域的广泛应用。随着Linux在国内日益普及，业界许多公司对Linux专业人才的渴求与日俱增，各个层次的需求都更加丰富，尤其是精通基于Linux系统的服务器构建人才更是奇缺，以至于用人单位一再降低Linux人才的聘用标准。低学历、高技能的职业学校学生同样具备就业的竞争力，完全可以胜任Linux方面的工作。

各职业院校计算机相关专业建设目前正面临着招生难、就业难的局面。本书以项目教学理念为指导思想，内容组织紧扣企业对网络的真实需求，应用情境真实，配置步骤详细，语言通俗易懂，将知识技能与具体的岗位实际紧密结合，力求使学生通过本书，学会职业沟通，习得技能方法，掌握灵活运用，适应当前的职业岗位需求。

参与本书编写的均是来自网络管理和教学的一线专家和教师，对Linux有着丰富的研究和实践经验。本书第1、10章由郝维联编写；第2、6、7、8章由黄要武编写；第3、4、5、9、12、13章由王述国编写；第11章由薛晓颖编写；全书由郝维联进行统稿。由于编者水平有限，书中不足之处在所难免，恳请专家和广大读者批评指正。

编　者

目　录 Contents

第1章
导学

1.1　职业应用

谷歌约十亿访问量的服务器上安装的操作系统是Linux；TiVo数字媒体播放器里安装的操作系统是Linux；Motorola手机里安装的操作系统也是Linux，还有很多其他电子产品也是如此。为什么人们喜欢用Linux来作为操作系统呢？对于许多人而言，Linux是一种政治思想，即一种关于自由的思想。他们不想拴在微软或是苹果公司身上，要求自己有选择的权力。此外，Linux还是一个免费的高效操作系统。

从诞生起，Linux就以开放源代码的模式及其安全性和稳定性吸引着全世界计算机爱好者。而随着Linux在中国市场迅猛发展，国内Linux人才缺口逐渐凸显。国内大量第三方独立软件供应商、系统集成商、软硬件厂商的业务都逐步向Linux转型，从各类网站、IDC（互联网数据中心）服务商、网络安全公司到IBM、HP、DELL、联想、浪潮等，都有急剧扩招Linux人才的倾向。

因此，Linux人才十分抢手，特别是懂得网络管理、系统管理的Linux人才。

1.2　新兵训练营

配置Linux服务器需要首先对Linux系统本身有一定的了解，对系统的基本管理、文件的常用操作等要比较熟练。所以，在开始配置各种服务之前，让我们先来了解一下Linux的基础知识吧。

1.2.1　Linux系统简介

1. Linux起源、特性及应用领域

Linux操作系统的核心最早是由芬兰的Linus Torvalds于1991年8月在芬兰赫尔辛基大学上学时发布的（那年Torvalds 25岁）。后来经过众多世界顶尖的软件工程师不断地修改和完善，Linux得以在全球普及开来，在服务器及个人桌面领域得到越来越多的应用，而在嵌入式开发方面更是具有其他操作系统无可比拟的优势。Linux以每年100%的用户递增数量显示了它强大的力量。

Linux是一套免费的多用户多任务的操作系统，运行方式同UNIX系统很像，但Linux

系统的稳定性、多任务能力与网络功能是许多商业操作系统无法比拟的。Linux还有一项最大的特色是源代码完全公开，在符合GNU GPL（General Public License）的原则下，任何人皆可自由取得、散布、甚至修改源代码。

与其他操作系统相比，Linux还具有以下特色。

1）采用阶层式目录结构，文件归类清楚、容易管理。

2）支持多种文件系统，如Ext3FS、ISOFS以及Windows的文件系统FAT16、FAT32、NTFS等。

3）具有可移植性，系统核心只有小于10%的源代码采用汇编语言编写，其余均是采用C语言编写，因此具备高度移植性。

4）可与其他的操作系统如Windows 98/2000/XP等并存于同一台计算机上。

2．主流Linux操作系统发行版简介

Linux的本质只是操作系统的核心，负责控制硬件、管理文件系统、程序进程等。Linux Kernel（内核）并不负责提供用户强大的应用程序，没有编译器、系统管理工具、网络工具、Office套件、多媒体、绘图软件等，这样的系统是无法发挥其强大功能，用户也无法利用这个系统工作。因此有人便提出以Linux Kernel为核心再集成搭配各式各样的系统程序或应用工具程序组成一套完整的操作系统，经过如此组合的Linux套件即称为Linux发行版。

国外封装的Linux以Red Hat（又称为“红帽Linux”）、OpenLinux、SUSELinux、TurboLinux等最为成功。

Red Hat Linux（http://www.redhat.com）

Red Hat是个商业气息颇为浓厚的公司，它展现出了开创Linux商业软件的企图。1999年，Red Hat公司在美国科技股为主的纳斯达克成功上市，Red Hat渐渐成为Linux商业界龙头。

Red Hat是目前销售量最高，安装最简便，最适合初学者的Linux发行版，也是目前世界上最流行的Linux发行套件，它的市场营销、包装及服务做得相当不错。Red Hat自行开发了RPM套件管理程序及X桌面环境Gnome的众多软件并将其源代码回馈给Open Source Community。

Caldera OpenLinux（http://www.caldera.com）

Caldera将OpenLinux这套系统定位为容易使用与设置的发行版，以集成使用环境与最终用户办公环境，以容易安装使用与简便管理为系统目标，有望成为最流行的公司团体台式Linux操作系统，适合初学者使用，全部安装需要1GB的硬盘空间。

Caldera有自行研发的图形界面的安装程序向导，安装过程可以玩俄罗斯方块，提供完整的KDE桌面环境，附赠功能强大的商业软件，如StarOffice、图形界面的硬盘分割工具Partition Magic等。

SUSE Linux（http://www.novell.com/linux.com）

SUSE是欧洲最流行的Linux发行版，而且SUSE是软件国际化的先驱，让软件支持各国语系，贡献颇丰。SUSE也是用RPM作为软件安装管理程序，不过SUSE并不适合新手使用。它提供了非常多的工具软件，全部安装需4.5GB的硬盘空间，安装过程也较为复杂。

TurboLinux（http://www.TurboLinux.com）

TurboLinux是日本制作的Linux发行版，其最大特色便是以日文版、中文简/繁体版、英文版3种形式发行，对软件国际化的推动经验丰富，安装的简易性与系统设置的难度与Red Hat差不多，且安装界面是汉化的，系统本身支持中文简体，在中国国内有广大的用户群。

国内Linux发行版做得相对比较成功的是红旗和中软两个版本，界面做得都非常的美观，安装也比较容易，新版本逐渐屏蔽了一些底层的操作，适合于新手使用。两个版本都是源于中国科学院软件研究所承担的国家863计划的Linux项目，但稳定性与兼容性与国外的版本相比都有一定的差距，操作界面与习惯与Windows越来越像，提供一定技术支持和售后服务，适宜于国内低价的操作系统解决方案。

红旗Linux：http://www.redflag-linux.com/index.php。

中软Linux：http://www.cosix.com。

考虑到Red Hat的优越性能、广大的用户群体以及丰富的网络社区资源，本书所有章节均是基于Red Hat公司的高级企业版：Red Hat Enterprise Linux 5.2。读者可以到红帽网站http://www.redhat.com下载30天的试用版，用于下面章节的学习和实验。

1.2.2 Red Hat服务器安装

下面就开始学习的第一步——服务器的安装。有了实验环境，我们才能进行后面章节的学习，如果服务器安装存在问题，那也会影响以后的操作，所以这节虽然基础，但同样重要！

1. 获得Red Hat Enterprise Linux

Red Hat网站提供了30天的试用版，读者可以到网站http://www.redhat.com先创建一个账号，然后到https://www.redhat.com/rhel/details/eval/这个链接提交试用申请。最后你填写的邮箱中会收到Red Hat的来信，告诉你下载地址，以及试用版的激活账号信息。

2. 硬件要求

Red Hat企业版的硬件安装要求如下。

CPU：Pentium以上处理器。

内存：128MB以上。

硬盘：5GB剩余空间。

显卡：VGA兼容显卡。

光驱：CD-ROM/DVD-ROM。

网卡：100M/1000M以太网卡。

其他：声卡、软驱均可选。

目前主流的PC配置均可达到系统的安装需求。处理器性能和内存大小是系统运行效率的主要制约因素，所以建议这两方面配置要稍高一些，考虑到系统将在网络中充当各种类型的网络服务器，网络的访问负载较大，网卡最好选择高性能的品牌以太网卡，如3COM或Intel服务器专用100M/1000M网卡。

3. 安装方式的选择

Linux可以通过多种方式进行安装，例如：光盘安装、硬盘安装、网络安装。在PC配有光驱的情况下，光盘安装是最简单的方式，我们这里选择光盘安装。如果是在虚拟机中安装，可以将光盘的ISO映像复制到硬盘中进行安装。

4. 安装Red Hat Enterprise Linux

准备好安装光盘，按照如下步骤进行Linux服务器的安装。

1）设置PC为光盘引导。把安装光盘（CD-ROM共3张盘，DVD-ROM只需1张，建议用DVD-ROM）放入光驱，系统进入如图1-1所示的安装初始界面。

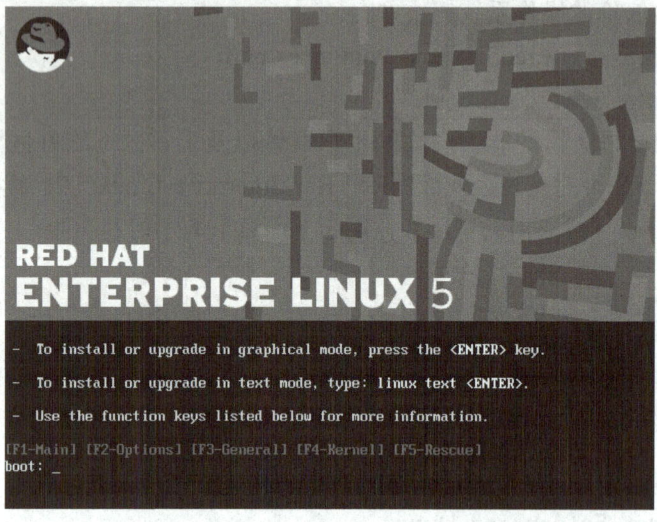

图1-1 安装初始界面

2）在“boot：”提示符下键入“回车”键，进入图像安装向导。为了保障后续的安装过程不出问题，系统提示检测光盘介质，如图1-2所示，不过这需要花费较长时间，如果觉得光盘没有质量问题，可以直接选择“Skip”，跳过光盘检测。

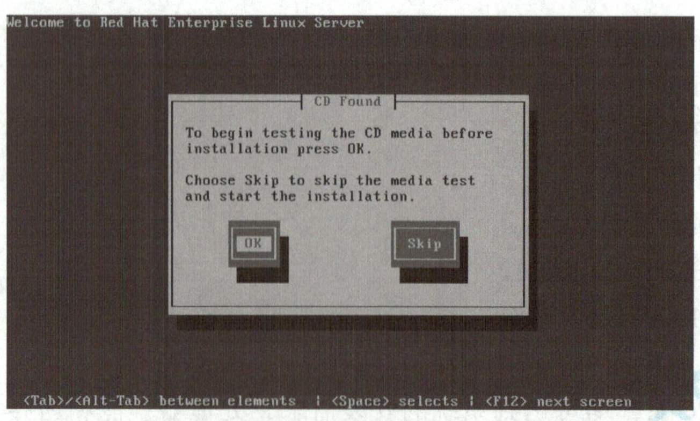

图1-2 检测光盘

3）启动图形安装向导，出现安装欢迎界面，单击“Next”按钮继续安装过程，如图1-3所示。

图1-3 安装欢迎界面

4）出现语言选择界面，注意这个是安装过程中的提示语言，选择“简体中文”，然后单击“Next”按钮继续，如图1-4所示。

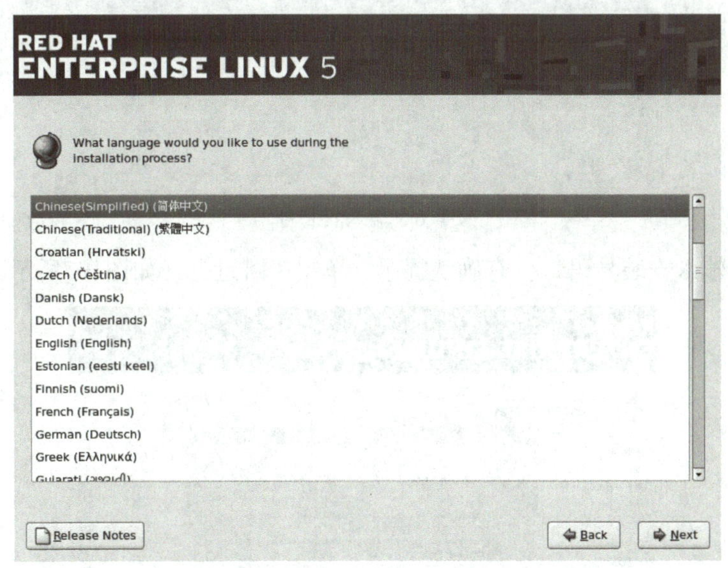

图1-4 选择安装提示语言

5）在键盘配置中，保持默认“美国英语式”即可，单击“下一步”按钮继续，如图1-5所示。

6）系统要求输入安装序列号，如果你申请了Red Hat的30天试用，可在邮件中找到安装序列号。如果没有，可以点击“跳过输入安装号码”，如图1-6所示。

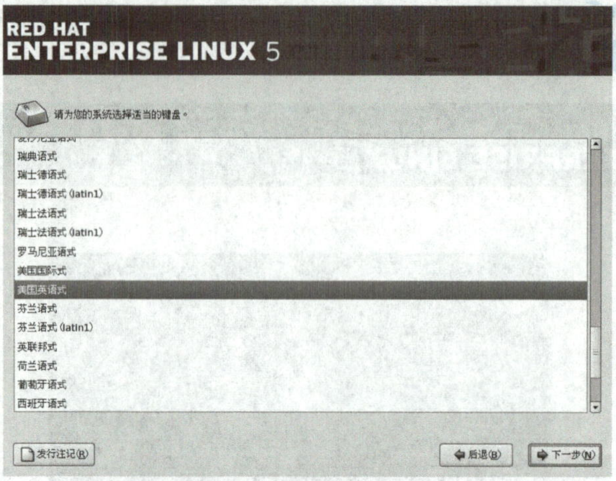

图1-5　键盘类型选择

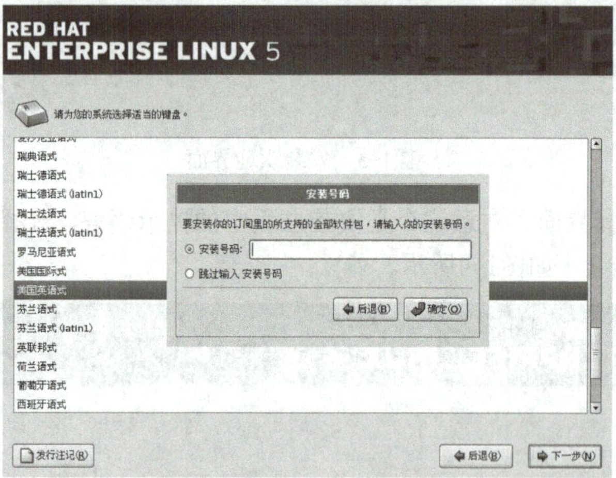

图1-6　输入安装号码

7）如果不输入安装号码，会有确认提示，单击“跳过”，如图1-7所示。

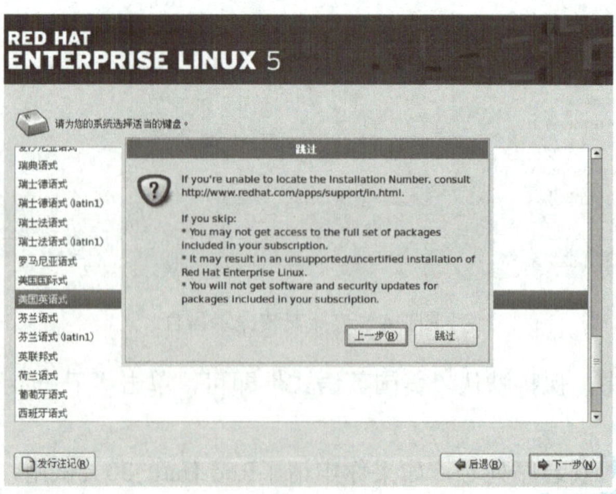

图1-7　跳过输入安装号码

8）对于未分区的硬盘，安装向导会提示要对硬盘进行初始化操作，所有数据会丢失，确认单击“是”按钮，如图1-8所示。

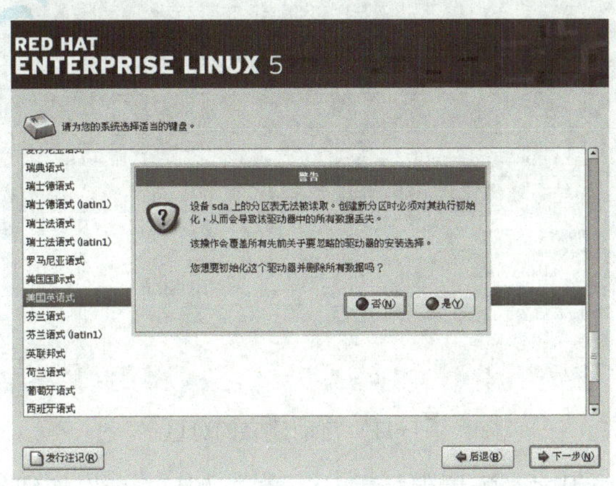

图1-8　硬盘初始化提示

9）选择分区方案，这里保持默认，让安装程序自动为Linux分区，如图1-9、图1-10和图1-11所示。当然，对分区熟悉的也可以选择自己分区。

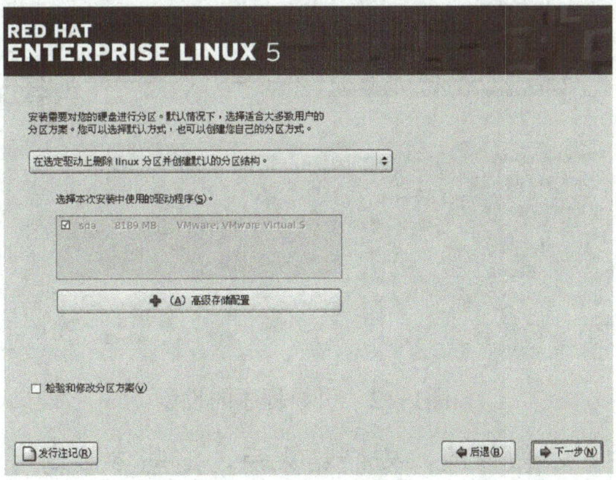

图1-9　选择分区方案

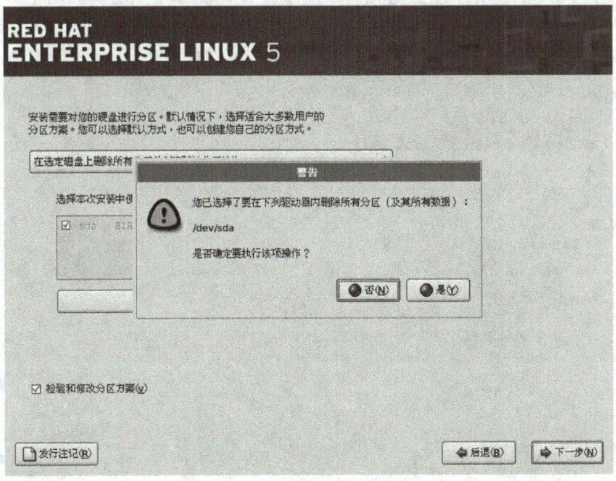

图1-10　确认删除已有分区

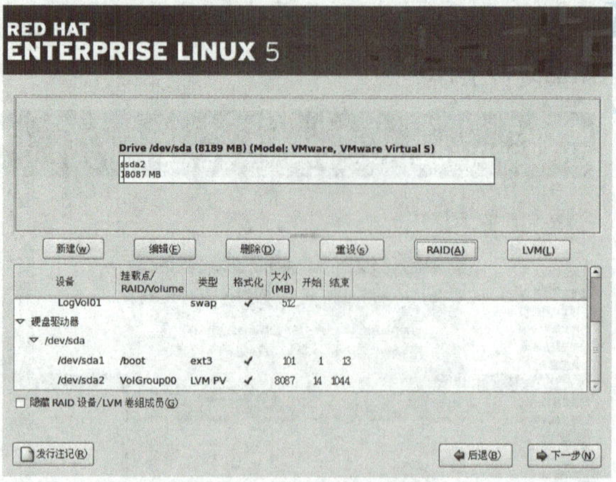

图1-11　自动建立的分区

10）安装GRUB引导程序，配置保持默认，单击“下一步”按钮继续，如图1-12所示。

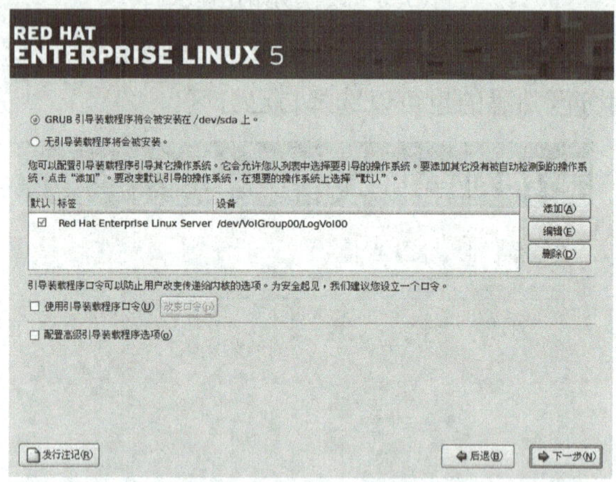

图1-12　引导程序的设置

11）在网络配置中，不做修改，安装结束后，这些参数均可再行设置，单击“下一步”按钮继续，如图1-13所示。

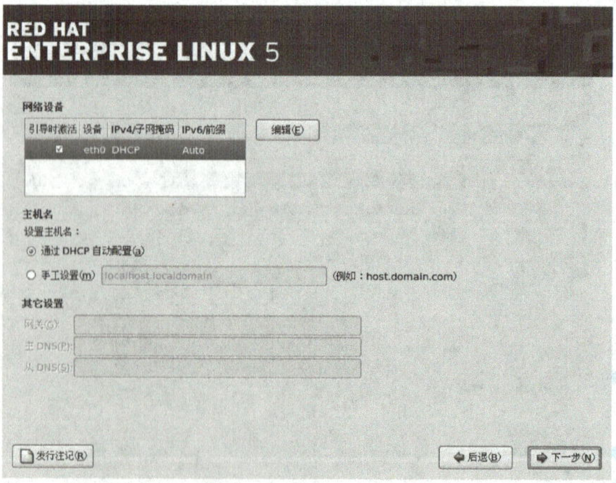

图1-13　网络参数配置

12）设置系统时区，保持默认即可，单击“下一步”按钮继续，如图1-14所示。

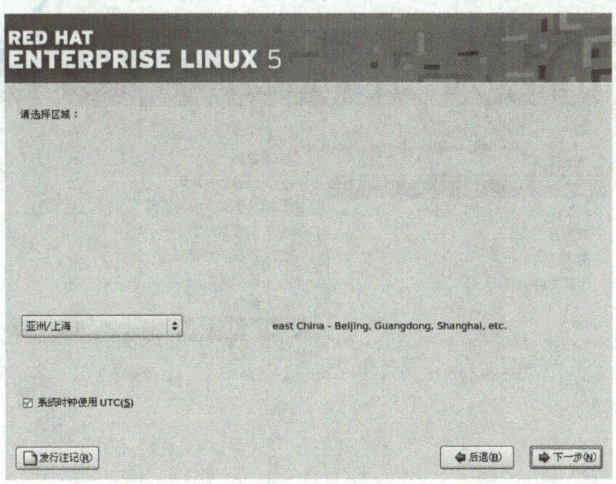

图1-14　时区配置

13）输入根用户的口令，为了系统的安全，要保证口令一定的复杂度，单击“下一步”按钮继续，如图1-15所示。

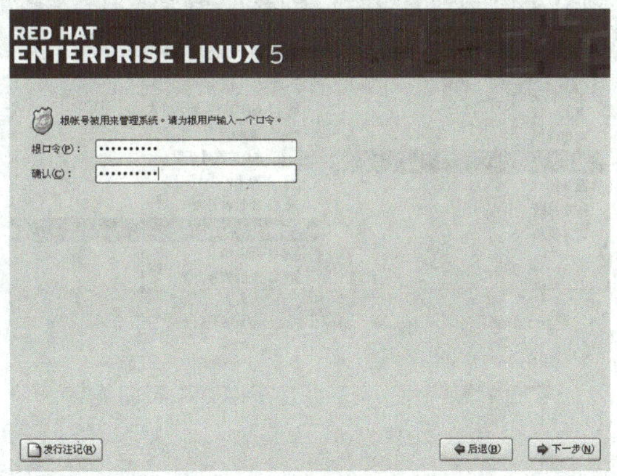

图1-15　设置根用户口令

14）选择将要安装的组件，选择“现在定制”，单击“下一步”按钮继续，如图1-16所示。

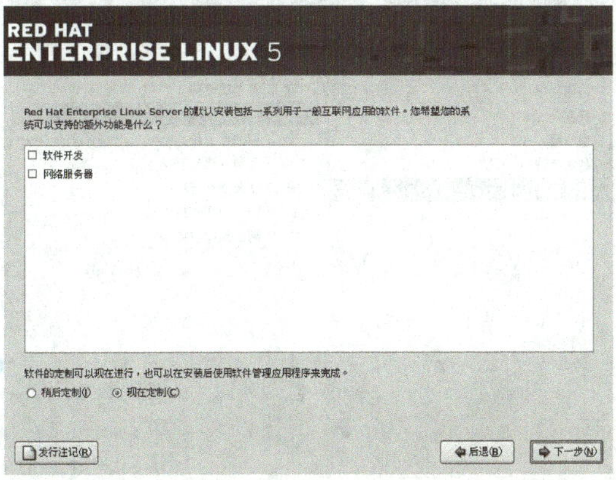

图1-16　选择安装组件

15）自定义安装，要确保以下几项，其他可以保持默认，如图1-17～图1-19所示。

RED HAT
ENTERPRISE LINUX 5
桌面环境
应用程序
开发
服务器
基本系统
语言支持
图形
图形化互联网
基于文本的互联网
工程和科学
授权和出版
游戏和娱乐
编辑器
视频和音频
从光盘录制到播放音频光盘和多媒体文件，该软件包组允许您使用系统上的音频和视频资源。
可选的软件包(O)
发行注记(R)
后退(B)
下一步(N)

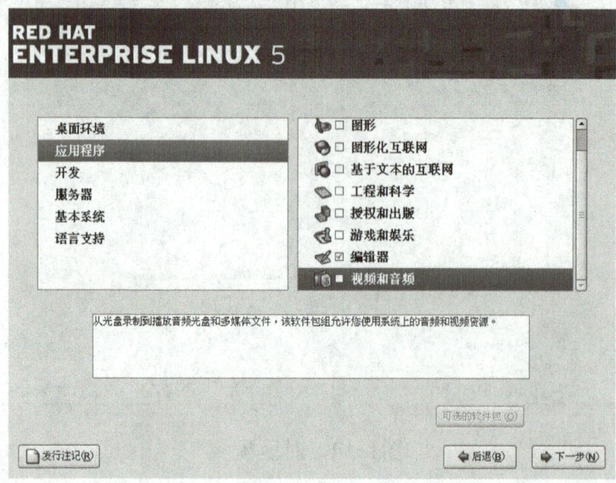

图1-17　选择安装“编辑器”组件

RED HAT
ENTERPRISE LINUX 5
桌面环境
应用程序
开发
服务器
基本系统
语言支持
GNOME 软件开发
Java开发
KDE 软件开发
Ruby
X 软件开发
开发工具
开发库
老的软件开发
这些工具包括 automake、gcc、perl、python 和调试器之类的核心开发工具。
29 of 40 optional packages selected
可选的软件包(O)
发行注记(R)
后退(B)
下一步(N)

图1-18　选择安装“开发工具”组件

RED HAT
ENTERPRISE LINUX 5
桌面环境
应用程序
开发
服务器
基本系统
语言支持
罗马尼亚语支持
芬兰语支持
英语支持
荷兰语支持
葡萄牙语支持
西班牙语支持
阿拉伯语支持
阿萨姆语支持
英语支持
可选的软件包(O)
发行注记(R)
后退(B)
下一步(N)

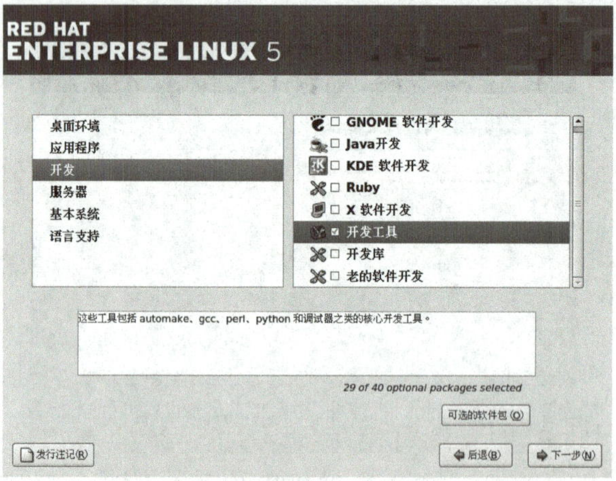

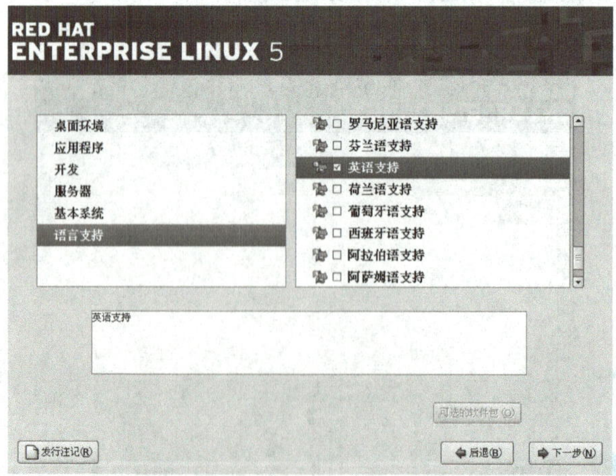

图1-19　系统语言支持中英文

16）一切就绪，单击“下一步”按钮就会开始安装系统，如图1-20所示。

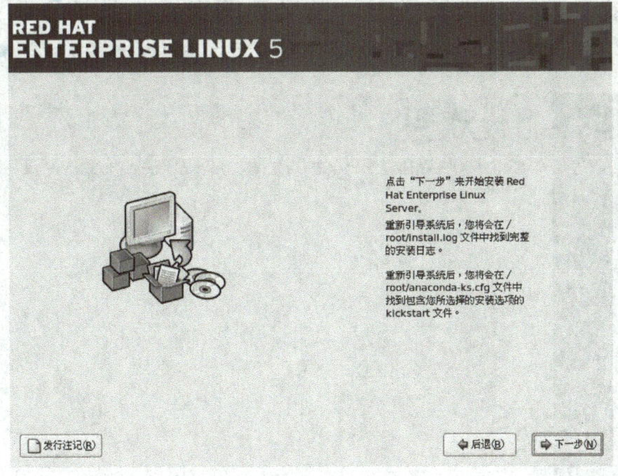

图1-20　即将安装界面

17）开始安装系统，如图1-21所示。

图1-21　开始安装

18）安装结束，单击“重新引导”按钮，系统重启，如图1-22所示。

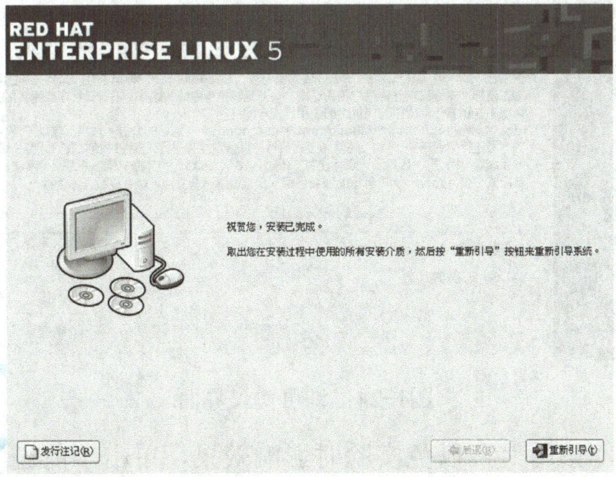

图1-22　安装完成

5. 首次启动Red Hat Enterprise Linux

安装完系统后，第一次启动需要进行一些必要的设置，具体步骤如下。

1）首次启动，会出现如图1-23所示的欢迎界面，单击“前进”按钮继续。

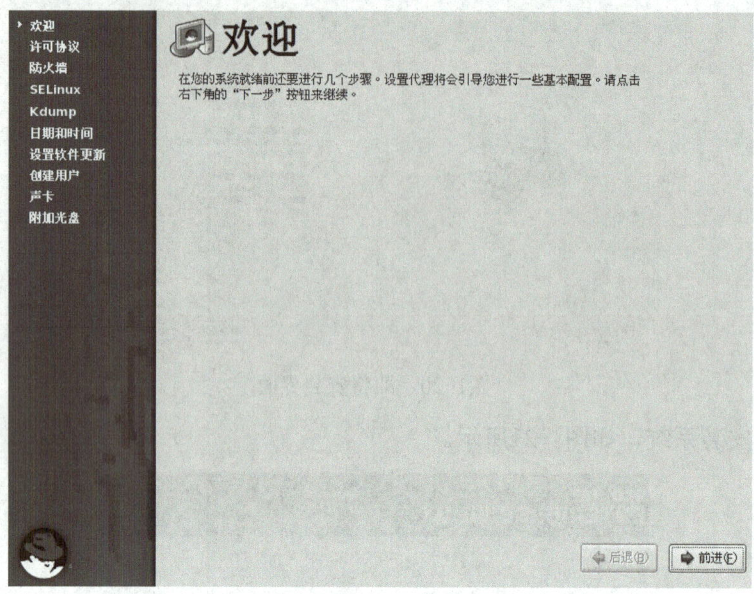

图1-23　首次启动欢迎界面

2）阅读协议后，选择“是，我同意这个许可协议”，单击“前进”按钮继续，如图1-24所示。

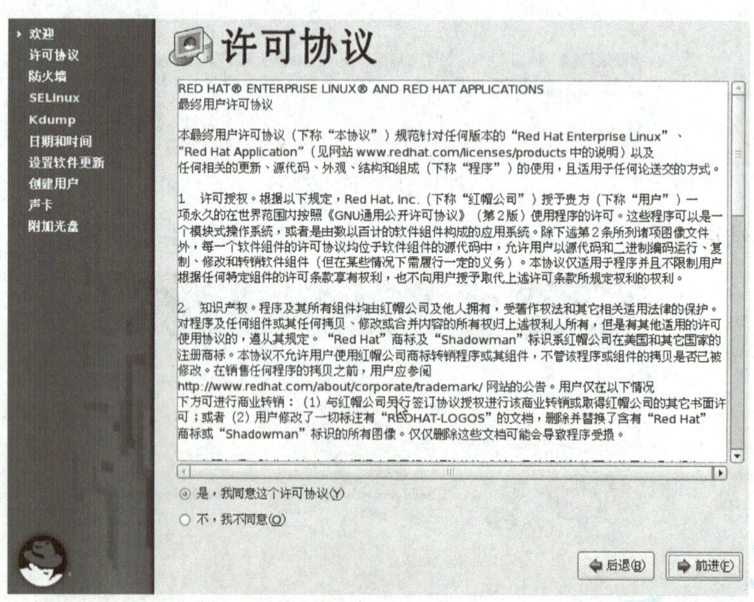

图1-24　许可协议界面

3）防火墙设置为“禁用”，以免实验时影响效果，单击“前进”按钮继续，如图1-25所示，系统提示确认关闭防火墙，选“是”按钮，如图1-26所示。

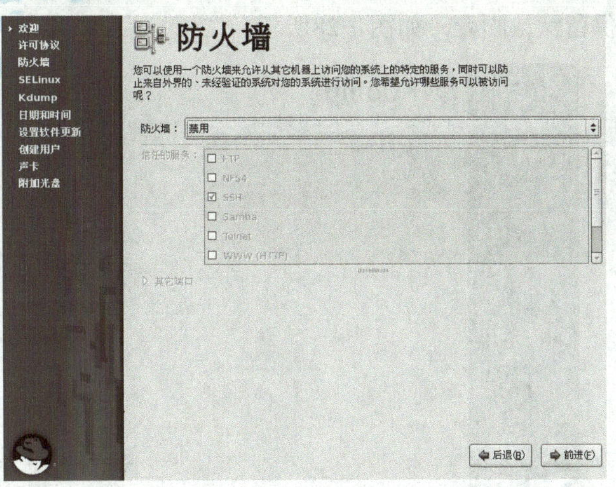

图1-25 禁用系统防火墙

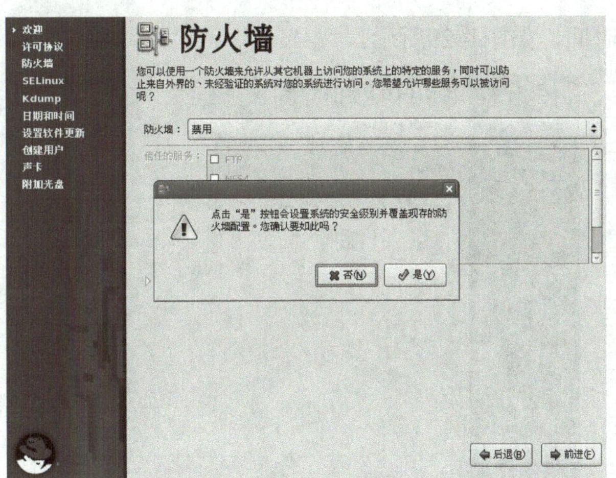

图1-26 确认禁用防火墙

4）“SELinux”设为“禁用”，如图1-27所示。

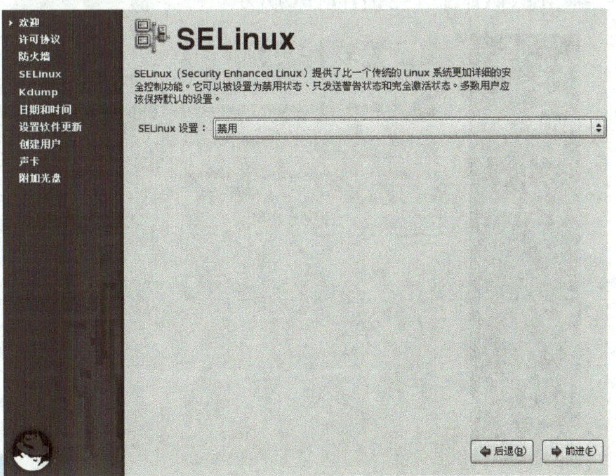

图1-27 SELinux配置界面

5）“Kdump”保留默认配置，如图1-28所示。

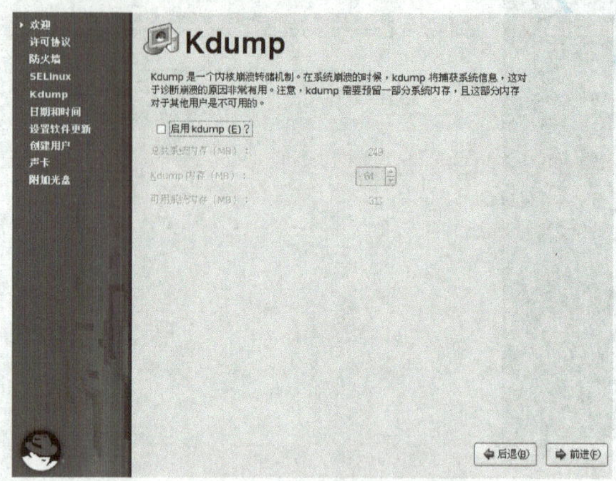

图1-28　Kdump配置界面

6）设置日期和时间，如图1-29所示。

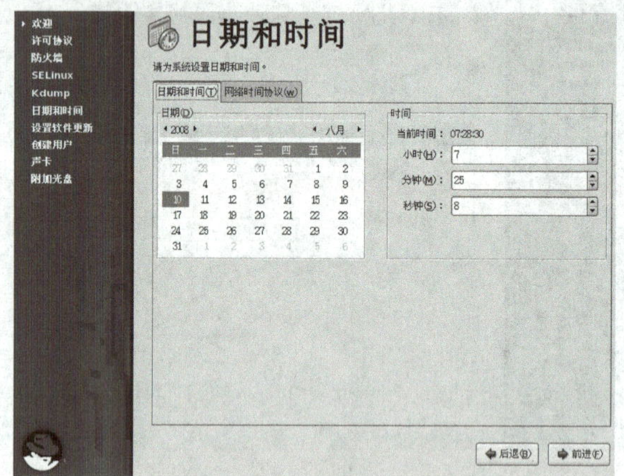

图1-29　日历和时间设置

7）“更新设置”保留默认配置，如图1-30所示。

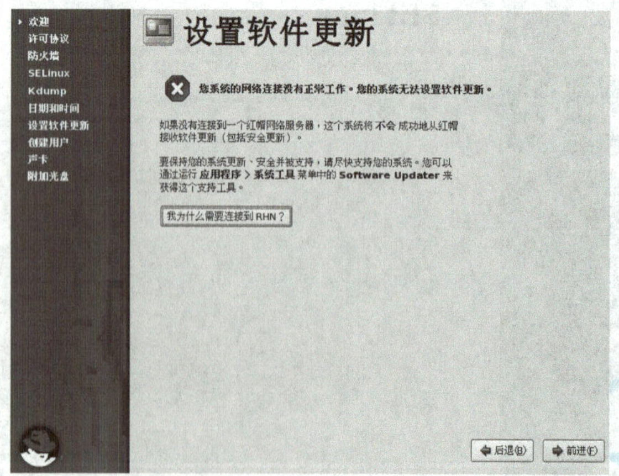

图1-30　软件更新设置

8）首次启动系统，要求用户创建一个用户，一般情况下不建议用“根用户”登录系统，如图1-31所示。

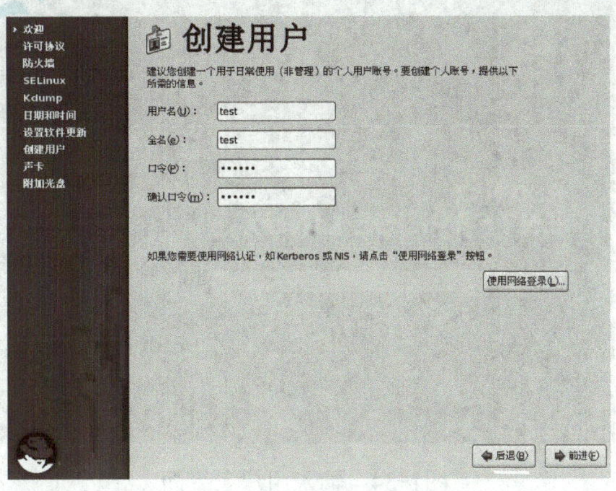

图1-31　创建新用户

9）“声卡配置”保留默认配置，单击“前进”按钮继续，如图1-32所示。

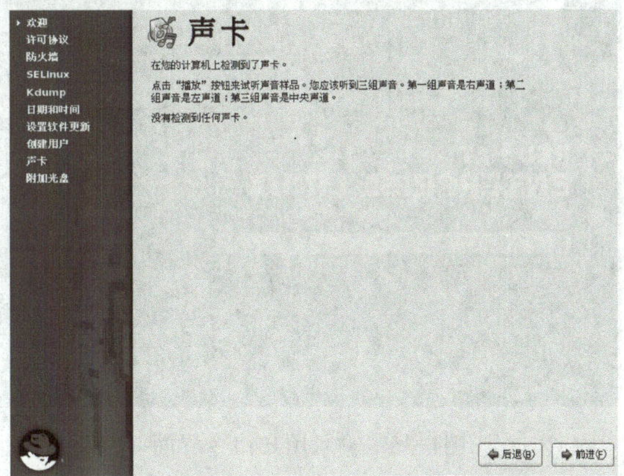

图1-32　声卡配置

10）“附加光盘”保留默认配置，单击“完成”按钮，如图1-33所示。

图1-33　附加光盘界面

11）进入“系统登录”界面，输入刚才建立的新账号和口令，如图1-34、图1-35所示。

图1-34　输入用户名界面

图1-35　输入用户口令界面

12）最后，我们终于成功安装并登录到了“Red Hat Enterprise Linux”系统，非常美观大方的桌面就展现在眼前，如图1-36所示。

图1-36　Red Hat Enterprise Linux桌面

1.2.3 Linux系统管理的必备命令

1. man：用来提供在线帮助

想了解“ls”命令的用法，例如：

```
[root@rhel5 ~]# man ls
```

2. ls：显示目录内容

显示当前目录所有文件，例如：

```
[root@rhel5 ~]# ls –a
```

显示所有文件的权限、拥有者、大小和日期等，例如：

```
[root@rhel5 ~]# ls –l
```

显示每个文件使用的空间，例如：

```
[root@rhel5 ~]# ls -s -S
```

分段显示，例如：

```
[root@rhel5 ~]# ls -al |more
```

3. mkdir：创建空目录

建立“abc”目录，例如：

```
[root@rhel5 ~]# mkdir abc
```

4. rmdir：删除空文件夹

删除刚刚建立的“abc”目录，例如：

```
[root@rhel5 ~]# rmdir abc
```

5. rm：删除文件

删除指定文件，例如：

```
[root@rhel5 ~]# rm filename
```

强迫删除所有“txt”文件，例如：

```
[root@rhel5 ~]# rm –f *.txt
```

删除data目录，包含该目录下所有文件和子目录，例如：

```
[root@rhel5 ~]# rm –r data
```

6. cp：复制命令

将data1复制成data2.txt，不显示复制过程，例如：

```
[root@rhel5 ~]# cp data1.txt data2.txt
```

显示复制过程要在cp 后面加参数 -v，例如：

```
[root@rhel5 ~]# cp -v data1.txt data2.txt
```

将data3复制到/tmp/data目录中，例如：

```
[root@rhel5 ~]# cp data3.txt /tmp/data
```

把soft目录下的所有文件复制到/usr/local里，例如：

```
[root@rhel5 ~]# cp -rf soft/* /usr/local
```

把soft目录复制到/usr/local目录，例如：

```
[root@rhel5 ~]# cp -R /home/allen/soft /usr/local
```

7. cat：合并文件的用法

将news和info合并成readme文件，例如：

```
[root@rhel5 ~]# cat news.txt info.txt >readme.txt
```

8. mv：移动改名命令

将该文件移到上层目录，例如：

```
[root@rhel5 ~]# mv a.txt ..
```

将z1改名成z3，例如：

```
[root@rhel5 ~]# mv z1.txt z3.txt
```

将backup目录上移一层，例如：

```
[root@rhel5 ~]# mv backup ..
```

9. pwd：显示当前目录

10. locate：查找文件或目录命令

查找包含zh_CN字符串的文件或目录，例如：

```
[root@rhel5 ~]# locate zh_CN
```

11. find：在目录中搜索文件

在整个目录中找一个文件名为abc.conf的文件，例如：

```
[root@rhel5 ~]# find / -name abc.conf
```

找出/home目录下是“test”这个用户的文件，例如：

```
[root@rhel5 ~]# find /home –user test
```

找出/home目录下是权限为“600”的文件，例如：

```
[root@rhel5 ~]# find /home –perm 600
```

找出/home目录下大于100KB的文件，例如：

```
[root@rhel5 ~]# find /home –size +100k
```

12. date：显示设定日期命令

把时间更改为8月29日10点23分，例如：

```
[root@rhel5 ~]# date 08291023
```

13. clock：显示完整日期时间

14. tar：解压命令

将/tmp/etc.tar.gz文件解压缩到/usr/local/src下，例如：

```
[root@rhel5 ~]# cd /usr/local/src
[root@rhel5 src]# tar -zxvf /tmp/etc.tar.gz
```

15. zip：压缩命令

将该data目录下所有txt文件压缩成myfiles.zip，例如：

```
[root@rhel5 data]# zip myfiles *.txt
```

将该data目录下所有txt，jpg文件压缩成myfiles.zip，例如：

```
[root@rhel5 data]# zip myfiles *.txt *.jpg
```

将该data目录下的所有文件及data子目录下都压缩成paly.zip，例如：

```
[root@rhel5 data]# zip -r paly *
```

16. unzip：解压缩命令

将myfiles.zip文件全部解压，例如：

```
[root@rhel5 data]# unzip myfiles.zip
```

解压时创建mydir目录，解压到该mydir目录下，例如：

```
[root@rhel5 tmp]# unzip myfiles.zip -d mydir
```

17. rpm：软件安装

用RPM安装“rpmfile.i386.rpm”软件包，例如：

```
[root@rhel5 data]# rpm -ivh rpmfile.i386.rpm
```

用RPM删除安装软件包“foo”，例如：

```
[root@rhel5 tmp]# rpm -e foo
```

用RPM升级软件“foo”，例如：

```
[root@rhel5 data]# rpm -Uvh foo-2.0-1.i386.rpm
```

用RPM查询软件包“foo”，例如：

```
[root@rhel5 data]# rpm -q foo
```


1.2.4 Shell基础

1. 什么是 Shell

Shell是一种具备特殊功能的程序，它是介于使用者和 UNIX/Linux 操作系统核心程序（kernel）间的一个接口。

2. 3种主要的Shell与其分支

在大部分的Linux系统中，3种著名且广被支持的shell 是Bourne shell（AT&T shell，在Linux下是BASH）、C shell（Berkeley shell，在 Linux 下是TCSH）和Korn shell（Bourne shell的超集）。

Bourne shell是标准的 UNIX shell，以前常被用来做为管理系统之用。Bourne shell是由AT&T发展的，以简洁、快速著名。Bourne shell提示符号的默认值是$。

C shell是伯克利大学（Berkeley）所开发的，且加入了一些新特性，如命令列历程（history）、别名（alias）、内建算术、档名完成（filename completion）、和工作控制（job control）。C shell 提示符号的默认值是%。

Korn shell是Bourne shell 的超集（superset），由 AT&T 的 David Korn所开发。它增加了一些特色，比C shell 更为先进。Korn shell 的特色包括了可编辑的历程、别名、函式、正规表达式万用字符（regular expression wildcard）、内建算术、工作控制（job control）、共作处理（coprocessing）和特殊的除错功能。Bourne shell 几乎和 Korn shell 完全向上兼容（upward compatible），所以在 Bourne shell 下开发的程序仍能在 Korn shell 上执行。Korn shell 提示符号的默认值也是 $。在 Linux 系统使用的 Korn shell 叫做 pdksh，它是指 Public Domain Korn Shell。

3. Shell命令的格式

命令列通常由好几个字串组成，中间用空白或“Tab”键分开，如下所示。

```
command options arguments(或称为 parameters)
rm -rf /home/ols3
```

除了空白和“Tab”键之外，每一部分，我们称之为token，比如上面的例子中，便有3个token: rm, -rf, /home/ols3.

多行指令也可以一下全部写在同一命令列中，只要中间用“；”分开，如下所示。

```
ls; mkdir test; clear
```

4. Shell的主要功能

为了确保任何提示符号下输入的命令都能够适当地执行，shell要负责：

1）读取输入与语法分析命令列。

2）对特殊字符求值。

3）设立管线、转向、与幕后处理。

4）处理讯号。

5）设立程序来执行。

1.2.5 Linux网络配置

1. ifconfig：配置并查看网络接口的配置情况

配置eth0的IP地址，同时激活该设备，例如：

```
[root@rhel5 data]# ifconfig eth0 192.168.1.200 netmask 255.255.255.0 up
```

激活设备，例如：

```
[root@rhel5 data]# ifconfig eth0 up
```

禁用设备，例如：

```
[root@rhel5 data]# ifconfig eth0 down
```

查看指定的网络接口设备，例如：

```
[root@rhel5 data]# ifconfig eth0
```

查看所有的网络接口设备，例如：

```
[root@rhel5 data]# ifconfig
```

2. route：配置并查看内核路由表的配置情况

添加到主机的路由，例如：

```
[root@rhel5 data]# route add –host 192.168.1.200 dev eth0
```

添加到网络的路由，例如：

```
[root@rhel5 data]#route add –net 172.16.1.0 netmask 255.255.255.0 eth0
```

添加默认网关，例如：

```
[root@rhel5 data]#route add default gw 192.168.1.1
```

查看路由表，例如：

```
[root@rhel5 data]#route
```

删除路由表，例如：

```
[root@rhel5 data]#route del –host 192.168.1.200 dev eth0
[root@rhel5 data]#route del –net 192.168.2.0 netmask 255.255.255.0 gw 192.168.2.1
[root@rhel5 data]#route del –net 192.168.3.0/24 eth1
[root@rhel5 data]#route del default gw 192.168.1.1
```

3. hostname：修改主机名

设置主机名，例如：

```
[root@rhel5 data]# hostname rhel5
```

4. arp：配置或查看ARP缓存表

查看ARP缓存，例如：

```
[root@rhel5 data]# arp
```

添加一个IP和MAC的对应记录，例如：

```
[root@rhel5 data]# arp –s 192.168.1.100 00:a0:09:34:af:2a
```

删除一个IP和MAC的对应缓存记录，例如：

```
[root@rhel5 data]# arp –d 192.168.1.100
```

5. /etc/rc.d/init.d/network：网络功能的启动命令

当网络配置发生变化需要重新启动，例如：

```
[root@rhel5 data]# /etc/rc.d/init.d/network restart
```

> 注意
>
> 以上操作均可以在图形模式下去设置，这里重点介绍文本模式的配置方法。

1.2.6 网络配置相关文件

Red Hat Enterprise Linux中和网络配置相关的文件很多，见表1-1，只有熟悉了这些配置文件，配置Linux的网络才能够得心应手。

表1-1　网络配置的相关文件

文件名称	功　能
/etc/sysconfig/network	包含主机最基本的网络信息，如：主机名
/etc/sysconfig/network-script/	网卡的配置文件目录，如：第一块网卡文件为ifcfg-eth0
/etc/xinetd.conf	定义了由超级进程xinetd启动的服务
/etc/hosts	完成主机名映射为IP地址的功能
/etc/networks	完成域名与网络地址的映射
/etc/host.conf	配置域名服务客户端的控制文件
/etc/resolv.conf	设置DNS服务器地址的配置文件
/etc/protocols	主机所使用的协议及其协议号
/etc/services	主机的不同端口的网络服务

1.3　拓展实验

1）安装 Linux 至少要有哪两个分区？

2）第二块网卡的代号是什么？

3）查看Linux系统的在线帮助可以使用什么命令？

4）目录/etc/、/boot、/usr/bin、/dev、/var/log分别是存放什么文件的？

5）创建目录、删除目录、移动目录与复制目录有什么命令可用？

6）要将一个文件的属性改为 -rwxr-xr--，请问该如何下达指令？

7）如何查看目前所在目录的所有档案占用的硬盘空间？

8）如何查询曾经操作过的指令？如何执行第6个操作过的指令？

9）试说明/etc/passwd这个文件的内容与格式？

10）如何查看目前的内存使用状况？

11）使用crontab这个命令的时候，如何查看当前的工作？

第2章

项目1—— 实现安全的远程登录RHEL 5

📖 **职业能力目标：**

- 通过Linux系统客户端，安全的远程登录和管理RHEL5
- 通过Windows系统客户端的SecureCRT，远程登录RHEL5
- 通过VNC图形方式远程登录RHEL5

2.1 远程管理必备知识

管理员在配置和管理Linux服务器时，可以直接在本地操作服务器主机。但是，在实际工作环境中，服务器通常放置在机房里，只在首次或者特殊情况下，才需要管理员到机房里配置和维护服务器。在平时，管理员需要使用办公室的客户端PC，通过网络连接，远程管理机房里的Linux服务器。远程管理服务器是指使用本地的一台PC做客户端，通过IP网络远程登录到服务器上，如图2-1所示，通过网络远程操作，实现对服务器的配置和管理。IP网络是指采用TCP/IP协议，通过交换机等设备连接的计算机网络。

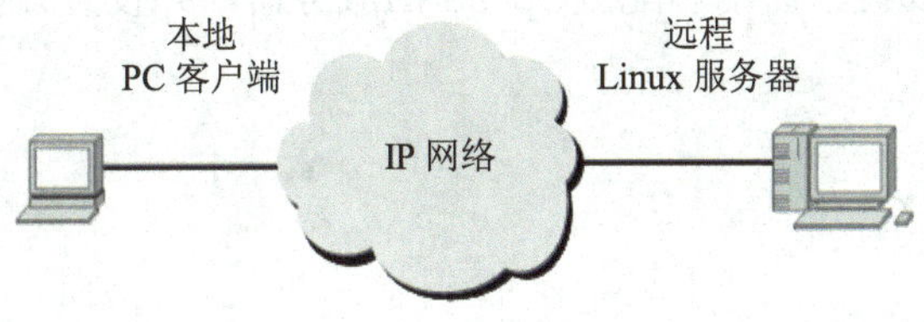

图2-1 远程管理服务器

远程管理Linux服务器有多种方法，传统的方法是使用telnet、ftp、rlogin、rsh和rcp等远程管理命令。由于在网络中传输信息采用明文方式，传输数据和操作密码容易被攻击者截获，一旦攻击者掌握了管理员的密码，服务器的安全性就会受到严重威胁。因此，管理员管理远程的服务器时，需要采用安全的方式。Linux系统提供了一个OpenSSH服务器软件，可用于实现安全的远程访问。通过配置Linux系统的OpenSSH服务器，管理员可以轻松实现对远程Linux服务器的安全管理。本章将介绍如何配置OpenSSH服务器，以及使用客户端软件实现安全的远程管理Linux服务器的方法。

2.2 任务1——配置OpenSSH服务器

2.2.1 需求分析

【任务情境】

某企业安装好了一台Linux服务器，放置在网络中心的机房里。管理员工作在自己的办公室里，需要经常维护和配置这台Linux服务器。由于每次到机房操作服务器很不方便，管理员希望能通过办公室的PC，安全地远程管理Linux服务器。

【任务分析】

实现远程管理服务器需要分别配置服务器端和客户端。服务器端必须开启了远程访问服务，客户端才能通过软件程序远程连接并管理服务器。因为开启telnet远程访问服务不安全，需要使用SSH（Secure Shell，安全外壳协议）通信协议，才能安全地远程管理Linux服务器。

SSH是一种较为安全的远程操作服务器解决方案，最初由芬兰的一家公司开发，但由于受版权和加密算法的限制，很多人转而使用免费的替代软件OpenSSH（开放的SSH）。SSH由客户端和服务端两部分软件组成，有两个不兼容的版本1.x和2.x。用SSH 2.x的客户程序不能连接到SSH 1.x的服务程序上去，而OpenSSH 2.x同时支持SSH 1.x和SSH2.x 。

为了能够通过SSH协议安全访问远程服务器，需要在Linux系统的服务器端配置OpenSSH，开启远程访问服务，同时，还需要在客户端安装能够通过SSH协议远程访问的客户端软件。本任务需要实现Linux系统服务器端的配置，即配置OpenSSH服务器。

2.2.2 配置方案

在Linux服务器上安装、启动和配置OpenSSH服务器，并设置开机自动运行OpenSSH服务器。

2.2.3 配置过程

1. 安装和启动OpenSSH

在RHEL5的发行版本中，已经包含了与OpenSSH相关的软件包。可以在安装RHEL5时选择安装OpenSSH。

（1）首先确认系统已经安装了OpenSSH软件包　查询系统是否安装了OpenSSH软件包，可以使用管理员root用户登录本地Linux服务器，并输入命令：

```
[root@localhost ~]# rpm -qa openssh
```

结果如图2-2所示，看到OpenSSH的软件版本号，说明已经安装了OpenSSH。

```
[root@localhost ~]# rpm -qa openssh
openssh-4.2p2-24.e15
```

图2-2　查询系统是否安装了OpenSSH

如果没有看到OpenSSH的软件版本号，说明没有安装。可以从RHEL5的系统安装光盘中的文件目录/RedHat/RPMS下，找到文件openssh-4.2p2-24.e15.i386.rpm，然后自行安装；或者到OpenSSH的网站主页http://www.openssh.com下载最新的RPM软件包。

安装OpenSSH软件包时，可以直接从光盘加载的路径位置安装，但最好还是将该文件复制到root用户目录下安装。将该文件复制到root用户目录下之后，输入如下命令安装：

```
[root@localhost ~]# rpm -ivh openssh-4.2p2-24.e15.i386.rpm
```

（2）启动OpenSSH　启动OpenSSH，需要启动Linux系统的sshd服务。启动sshd服务，可通过运行sshd文件完成。sshd文件的路径是 /etc/rc.d/init.d/sshd，命令用法如下：

```
[root@localhost ~]# /etc/rc.d/init.d/sshd start
```

结果如图2-3所示，出现“确定”，表示sshd服务已经启动。如果出现“失败”，检查是否正确安装了OpenSSH软件包，然后重新启动服务，再试一次。

```
[root@localhost ~]# /etc/rc.d/init.d/sshd start
启动 sshd:                                    [确定]
```

图2-3　启动OpenSSH

当更改了OpenSSH服务器配置后，需要重新启动OpenSSH，命令如下：

```
[root@localhost ~]# /etc/rc.d/init.d/sshd restart
```

结果如图2-4所示，系统先停止该服务，然后再启动。

```
[root@localhost ~]# /etc/rc.d/init.d/sshd restart
停止 sshd:                                 [确定]
启动 sshd:                                 [确定]
```

图2-4　重新启动OpenSSH

如果不需要提供sshd服务，即不希望通过SSH远程管理，可以停止OpenSSH服务器的sshd服务，使用如下命令：

```
[root@localhost ~]# /etc/rc.d/init.d/sshd stop
```

结果如图2-5所示。

```
[root@localhost ~]# /etc/rc.d/init.d/sshd stop
停止 sshd:                                    [确定]
```

图2-5　停止OpenSSH

（3）设置开机时自动启动OpenSSH服务器　为了避免因忘记启动sshd服务，或者因服务器系统重启后停止sshd服务，还需要配置在每次系统启动时就自动运行该服务。

配置sshd服务的自动运行的方法有3种：通过命令配置、通过图形窗口设置和通过ntsysv应用程序设置。其中，通过命令配置的方法最简单、最快捷。当然，管理员可以根据自己的习惯，选用其中的任何一种。这3种配置方法如下：

1）使用命令chkconfig，设置OpenSSH服务器的自动启动。命令用法如下：

```
[root@localhost ~]# chkconfig –level 5 sshd on
```

这样，当系统运行level 5时，系统会自动运行sshd服务。Linux系统共有0～6个level

运行模式，level 5为图形模式，level 3是命令行（或文本）运行模式。查看各level模式下是否“启用”了自动运行sshd服务，可以使用如下命令（不要误将命令中的grep写成greb）：

```
[root@localhost ~]# chkconfig --list |grep sshd
```

结果如图2-6所示，显示了在各level模式下“启用”或“关闭”自动运行sshd服务。

```
[root@localhost ~]# chkconfig --list |grep sshd
sshd            0:关闭  1:关闭  2:启用  3:启用  4:启用  5:启用  6:关闭
```

图2-6　查看各level模式下是否自动运行sshd服务

2）通过图形窗口的“服务”，配置sshd运行或自动运行。

在Linux系统的图形模式窗口，依次选择：系统→管理→服务，出现如图2-7所示的“服务配置”窗口。在“后台服务”页面中，找到服务“sshd”，钩选，然后单击“开始”或“重启”按钮，直到在右侧的“状态”窗口看到提示“sshd服务正在运行…”。然后，点击“保存”按钮，这样，当系统重新启动并运行level 5时，系统会自动启动sshd服务。通过图形方式也可以设置启动、停止或重启sshd服务，与命令方式操作效果一样。

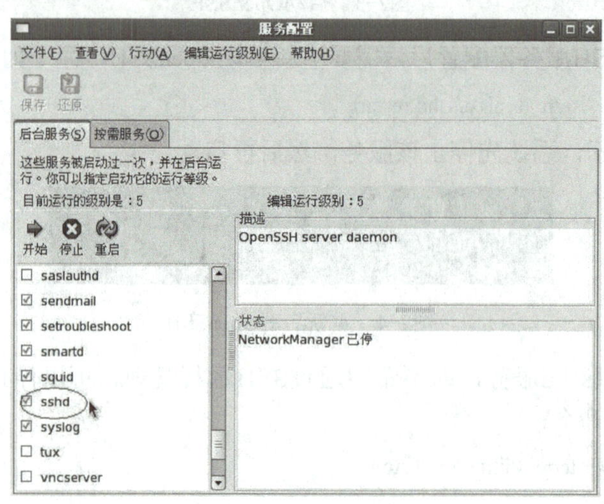

图2-7　图形窗口的服务配置

3）使用ntsysv设置sshd运行。

在Linux系统的文本模式下，输入命令ntsysv，用法如下：

```
[root@localhost ~]# ntsysv
```

在出现的画面菜单中，使用键盘的上下箭头键，移动光标到菜单的“sshd”项，按空格键选中，使“sshd”项之前出现“*”号，然后使用“Tab”键移动光标到“确定”按钮，最后按“Enter”键，完成设置。

2. 设置OpenSSH服务器的配置

启动sshd服务后，OpenSSH服务器已经可以正常运行了，Linux系统自动为OpenSSH服务器设置了默认的配置，通常不需要管理员重新设置。该默认配置保存在文件/etc/ssh/sshd_config里。如果管理员希望进一步配置，可以修改这个配置文件。

例如，使用编辑命令vi打开这个配置文件，显示的内容如下：

```
[root@localhost ~]# vi /etc/ssh/sshd_config
# OpenSSH is to specify options with their default value where
# possible, but leave them commented.  Uncommented options change a
# default value.

#Port 22
#Protocol 2,1
Protocol 2
……
#ListenAddress 0.0.0.0
#ListenAddress ::
……
# Authentication:

#LoginGraceTime 2m

#PermitRootLogin yes
……
```

以上内容实际上是一些命令脚本，由于很多，在显示结果中使用“……”省略了大部分内容。在显示内容中，“#”为注释符号，前边有“#”的行为注释行，该行命令不执行，没有“#”的行，为正常运行的命令行。例如，下面的行为注释，表示可以选择使用SSH1和SSH2协议（SSH协议的两个版本）。

```
#Protocol 2,1
```

如果去掉“#”号，为正常运行的命令，如下面这一行，Protocol 2表示默认只能使用版本SSH2协议。

```
Protocol 2
```

建议初学者尽量不要修改配置文件，以免因修改错误，带来不必要的麻烦。如果必须修改设置文件，在修改前应备份配置文件，以便能够恢复原来的配置，然后可仿照以下方式进行修改。在使用vi编辑器时，先按“Insert”键，然后修改字符，修改完成后，再按“Esc”键返回。输入“：”进入命令方式，输入命令“w”保存，再输入命令“q”退出vi编辑器。

例如，设置不允许使用root用户远程登录。

在默认的设置下，Red Hat Linux的SSH服务器允许root用户远程登录，虽然SSH在传送信息时已经加密，但是如果为远程登录开放了root账号，还是会存在一定的安全隐患，应该使用普通用户远程登录，然后再转换为根用户权限。因此，需要关闭root用户远程登录功能，步骤如下：

1）修改配置文件。首先找到配置文件的命令行：

```
#PermitRootLogin yes
```

然后，将“#PermitRootLogin yes”中的“yes”修改为“no”，并去掉#号。这样，就取消了root账户远程登录的权利。例如：

```
PermitRootLogin no
```

修改完成后，保存文件并退出vi编辑器。

2）重新启动SSH服务。由于修改了配置文件，需要重新启动sshd服务，以便使新的配置生效。使用的命令如下：

```
[root@localhost ~]# /etc/rc.d/init.d/sshd restart
```

2.2.4 应用测试

查看当前OpenSSH服务器的运行状态，命令如下：

```
#/etc/rc.d/init.d/sshd status
```

结果如图2-8所示，其中，“pid 2038”表示运行sshd服务使用的进程号，“正在运行”说明sshd（即OpenSSH服务器）正在运行。如果处于停止状态，可检查SSH服务器的配置文件，也可以使用默认配置文件恢复配置，并重新启动sshd服务。

```
#/etc/rc.d/init.d/sshd status
sshd（pid 2038）正在运行...
```

图2-8 查看当前OpenSSH服务器的运行状态

2.3 任务2——在Linux系统下远程管理RHEL5服务器

2.3.1 需求分析

【任务情境】

现在已经配置好一台Linux系统的OpenSSH服务器，放置在网络中心的机房里。在办公室里的管理员所使用的PC安装了Linux桌面系统，虽然有一定的Linux系统管理基础，但是在通过SSH远程管理方面还是缺乏经验。于是，买了一本关于Linux系统服务器配置的项目案例书，按书上的操作步骤，开始练习远程管理方法。

【任务分析】

在任务1中已经配置好服务器端的OpenSSH服务器，本任务需要配置客户端，并通过SSH协议登录到远程RHEL5服务器。因管理员使用Linux桌面系统，可以通过Linux系统自带的SSH相关程序，远程访问和管理RHEL5服务器。需要注意的是，远程访问需要通过IP网络，必须确保客户端PC和远程的Linux服务器的网络连通。

2.3.2 配置方案

在进行远程管理之前，必须正确配置客户端PC和服务器端主机的IP地址，确保PC与Linux服务器的网络连通。然后，使用Linux桌面系统的SSH程序，通过ssh、sftp、scp等命令操作远程Linux服务器。管理远程Linux主机，可用如下两种方式：一种是在客户端Linux系统的PC上，使用ssh命令登录到远程Linux服务器，然后像操作本地主机一样操作远程主机；另一种是不登录到远程Linux服务器，而直接在客户端本地操作远程Linux服务器。

2.3.3 配置过程

1．验证客户端PC与服务器的网络连通性

测试网络连通性使用ping命令，通过查看显示结果判断本地主机是否与远程主机连通。网络的主机必须正确配置了IP地址，关于网络的主机使用什么IP地址，可以询问网络管理员，要注意避免IP地址冲突。本例中，客户端PC的IP地址设置为192.168.1.5，Linux服务器主机的IP地址设置为192.168.1.11，并连接到网络中。最好先检查本机和远程主机的IP地址配置，然后再使用ping命令测试，参考步骤如下。

1）查看本地PC的IP地址配置是否正确，在客户端PC使用命令ifconfig：

```
[root@localhost ~]# ifconfig
```

结果如图2-9所示（代码第三行），客户端PC的IP地址已经正确配置为192.168.1.5。

```
[root@localhost ~]# ifconfig
eth0      Link encap:Ethernet  HWaddr 00:0C:29:21:93:13
          inet addr:192.168.1.5  Bcast:192.168.1.255  Mask:255.255.255.0
          inet6 addr: fe80::20c:29ff:fe21:9313/64 Scope:Link
          UP BROADCAST RUNNING MULTICAST  MTU:1500  Metric:1
          RX packets:43513 errors:0 dropped:0 overruns:0 frame:0
          TX packets:213 errors:0 dropped:0 overruns:0 carrier:0
          collisions:0 txqueuelen:0
          RX bytes:4280749 (4.0 MiB)  TX bytes:30674 (29.9 KiB)
lo        Link encap:Local Loopback
          inet addr:127.0.0.1  Mask:255.0.0.0
          inet6 addr: ::1/128 Scope:Host
          UP LOOPBACK RUNNING  MTU:16436  Metric:1
          RX packets:5520 errors:0 dropped:0 overruns:0 frame:0
          TX packets:5520 errors:0 dropped:0 overruns:0 carrier:0
          collisions:0 txqueuelen:0
          RX bytes:7749371 (7.3 MiB)  TX bytes:7749371 (7.3 MiB)

[root@localhost ~]#
```

图2-9 查看本机的IP地址

2）用同样方法，在服务器端查看Linux服务器的IP地址是否正确。

3）测试客户端PC与服务器网络连通性，在客户端输入如下命令：

```
[root@localhost ~]# ping 192.168.1.11
```

结果如图2-10所示。在Linux系统中，默认为连续发送icmp（网际控制信息协议）数据包，每个数据包为64个字节，需要通过组合键“Ctrl+C”中断，中断后，自动统计测试信息。从结果中可以看出，客户端PC与服务器连通。

```
[root@localhost ~]# ping 192.168.1.11
PING 192.168.1.11 (192.168.1.11) 56(84) bytes of data.
64 bytes from 192.168.1.11: icmp_seq=1 ttl=64 time=13.3 ms
64 bytes from 192.168.1.11: icmp_seq=2 ttl=64 time=1.09 ms
64 bytes from 192.168.1.11: icmp_seq=3 ttl=64 time=1.00 ms
64 bytes from 192.168.1.11: icmp_seq=4 ttl=64 time=0.959 ms
64 bytes from 192.168.1.11: icmp_seq=5 ttl=64 time=1.07 ms
64 bytes from 192.168.1.11: icmp_seq=6 ttl=64 time=1.10 ms
64 bytes from 192.168.1.11: icmp_seq=7 ttl=64 time=1.20 ms
64 bytes from 192.168.1.11: icmp_seq=8 ttl=64 time=1.07 ms
--- 192.168.1.11 ping statistics ---
8 packets transmitted, 8 received, 0% packet loss, time 6996ms
rtt min/avg/max/mdev = 0.959/2.608/13.342/4.057 ms
[root@localhost ~]#
```

图2-10　测试PC与服务器网络连通

2. 在服务器端建立一个用于远程管理的用户账号

为了能够远程登录到服务器，必须在服务器上建立一个账户。为了方便测试，设置一个简单的口令（在实际运用时，口令应设置为符合复杂性要求的安全口令）。例如，在Linux服务器上建立一个账户，用户名为james，密码设为123456。为了提高安全性，将这个用户权限设置为普通用户权限。

3. 在客户端建立一个与在服务器端有相同用户名的账户

由于在客户端远程登录服务器时，服务器会默认验证客户端正在使用的用户名，因此，需要在客户端建立一个用户账号，这个账号的用户名和密码与在服务器端建立的相同。例如，在客户端PC上也建立一个用户名为james的账户，并用这个账户登录客户端PC。为了便于区分，将客户端的主机名称修改为client。在客户端，用james用户登录后，提示符为：

```
[james@client ~]$
```

4. 在客户端使用ssh命令登录到远程Linux服务器

1）确认Linux系统的客户端已经安装了SSH的相关程序。通常在安装Linux系统时，已经默认安装了SSH的相关程序。在Linux系统的客户端，如果不知道是否安装了SSH的相关程序，可以使用命令方法检查，如果没安装，则需要找到相关程序，并使用根用户权限手工安装。检查方法如下：

```
[root@localhost ~]# rpm -qa openssh
```

2）使用ssh命令登录到远程主机。例如，在客户端先用james账户登录，然后使用ssh命令登录到远程主机。命令语法如下：

```
ssh 远程主机名称或IP地址
```

如果登录IP地址为192.168.1.11的服务器，命令用法如下：

```
[james@client ~]$ ssh 192.168.1.11
```

结果如图2-11所示。

```
[james@ client ~]$ ssh 192.168.1.11
The authenticity of host '192.168.1.11 (192.168.1.11)' can't be established.
RSA key fingerprint is 0d:2a:53:fd:93:9c:4d:99:37:af:38:cc:65:29:ec:b8.
Are you sure you want to continue connecting (yes/no)?
```

图2-11　通过ssh登录远程Linux服务器

首次远程登录服务器时需要建立RSA密钥加密，询问是否继续连接（当再次远程登录服务器时则不再询问）。输入yes后，如图2-12（第二行）所示，表示已永久地将主机192.168.1.11加入到（本地的）已知主机列表，并提示输入（远程）用户口令。注意，这里并不提示输入用户名。远程服务器默认使用客户端正在使用的用户名，例如，使用james账号，并提示要求输入在服务器端的用户验证口令。口令验证通过后，即可登录到远程OpenSSH服务器的shell（外壳程序），并看到远程Linux主机的提示符（图2-12的最后一行）。注意，这时james用户已经位于服务器端。

```
Are you sure you want to continue connecting (yes/no)? yes
Warning: Permanently added '192.168.1.11' (RSA) to the list of known hosts.
james@192.168.1.11's password:
[james@192.168.1.11 ~]$
```

图2-12　验证后登录到远程Linux服务器

如果客户端并没有使用与远程Linux主机相同的用户登录，还可以使用另一种方法登录到远程Linux主机。使用的语法如下：

```
ssh 账户名@远程主机名称或IP地址
```

或者

```
ssh –l 账户名 远程主机名称或IP地址
```

例如，在远程的Linux服务器上已经建立了账户bob，但没有建立james账户而在客户端PC上是使用james用户登录的，可输入下面命令登录远程服务器：

```
[james@client ~]$ ssh bob@192.168.1.11
```

结果如图2-13所示，提示输入验证口令（bob用户的口令）。

```
[james@ client ~]$ ssh bob@192.168.1.11
bob@192.168.1.11's password:
```

图2-13　用户登录远程Linux服务器

5. 使用su命令转换普通用户权限为根（root）用户权限

为了提高安全性，Linux主机设置为不允许使用root账号远程登录，可是，要对服务器进行管理操作，就必须具有根用户权限。因此，普通用户登录后，需要使用su命令转换为根用户权限，当然，必须知道root账户口令。如图2-14所示，验证root用户口令后，即可转换为根用户权限。接下来，就可以像操作本地服务器主机一样，远程操作Linux服务器主机了。

```
Last login: Fri Jun  6 03:31:18 2008 from 192.168.1.158
[james@localhost ~]$ su
口令:
[root@localhost james]#
```

图2-14 使用su命令转换为根用户权限

上面是通过从客户端登录到远程Linux服务器，然后再管理服务器。另一种方式是在不登录远程主机的情况下，在客户端本地直接使用ssh命令管理远程服务器，直接运行远程管理命令或程序。语法如下：

```
ssh 远程主机名称或IP地址 命令
```

例如，远程运行命令“ls”，直接看到远程Linux服务器当前目录的文件列表，在客户端，输入如下命令：

```
[james@ client ~]$ ssh 192.168.1.11 ls
```

需要输入用户口令（显示结果略），验证正确后即可看到服务器端的ls命令结果。

6. 使用sftp命令在本地和远程主机之间传输文件

有时需要将本地的文件上传到远程服务器，由于使用传统方式的ftp（文件传输协议）传输文件不安全，可使用sftp（加密的文件传输协议），命令语法如下：

```
sftp 账户名@远程主机名称或IP地址
```

例如，使用james账户通过sftp远程登录到服务器192.168.1.11，如图2-15所示，验证密码后，即可看到sftp的提示符。sftp的详细用法可通过命令man sftp查看，这里就不多介绍了。

```
[james@ client ~]$ sftp james@192.168.1.11
Connecting to 192.168.1.11 ...
james@192.168.1.11's password:
sftp>
```

图2-15 通过sftp远程登录到服务器

7. 使用scp命令在本地和远程主机之间传输文件

Linux系统可以使用rcp（远程拷贝协议）命令在本地和远程主机之间复制文件，而命令scp与rcp的用法相同，但却比rcp增加了安全性。使用的语法如下：

```
scp 本地源文件 账户名@远程主机名称或IP地址：/远程目的文件
scp 账户名@远程主机名称或IP地址：/远程源文件 本地目的文件
```

例如，在远程Linux服务器上新建立的一个文件 /home/james/command.txt，将这个文件复制到本地的当前路径下，使用命令：

```
[james@ client ~]$ scp james@192.168.1.11:/home/james/command.txt
```

命令中省略了“本地目的文件”，因为目的文件不变，默认保存到本地当前路径，当然，也可以修改目的文件的路径和文件名。结果如图2-16所示，验证密码后，如果该用户（james）对将复制的文件有读取权限，即可完成复制。

```
[james@ client ~]$ scp james@192.168.1.11:/home/james/command.txt
james@192.168.1.11's password:
command.txt      100% |*******************|   155     00:00
```

图2-16 远程复制文件

2.4 任务3——Windows系统下通过SecureCRT远程登录

2.4.1 需求分析

【任务情境】

管理员不太习惯使用Linux系统的桌面，改用了Windows桌面，需要在办公室里安全的远程管理放置在网络中心机房里的Linux服务器。

【任务分析】

本任务与任务2类似，不同的是要使用Windows桌面系统远程管理Linux系统。Windows本身没有提供访问Linux系统的SSH相关程序，需要安装支持SSH协议的第三方软件。常用的第三方软件主要有文本模式远程操作的SecureCRT和Putty，以及图形模式的VNC和Webmin。本任务使用SecureCRT。

SecureCRT是可定制的终端仿真器，适用于Internet 和 Intranet环境，支持下一代互联网协议IPv6标准。对于远程连接到运行Windows、Linux和UNIX等的系统来说，SecureCRT是理想的选择。其主要特性包括：支持多种终端仿真，如VT100、VT102、VT220、ANSI、SCO ANSI、Xterm、Wyse 50/60和Linux console仿真等；支持多种协议，如SSH1、SSH2、Telnet、Rlogin、Serial和TAPI协议；支持多种传输数据的加密方式，如AES、Twofish、Blowfish、3DES、RC4和DES；支持多种密码验证方式，如口令、公钥、键盘交互验证和 Kerberos验证；会话设置可以保存在命名的会话中；脚本语言支持VBScript和JavaScript等。

2.4.2 配置方案

在客户端PC的Windows系统上安装SecureCRT，并通过SecureCRT远程登录Linux服务器。

2.4.3 配置过程

1. 安装SecureCRT

SecureCRT 5软件为共享软件，可以在Internet网站上搜索并下载，可试用30天，也可以购买该软件。在Windows中安装SecureCRT非常简单，管理员顺利地安装了SecureCRT 5。

2. 确认客户端PC与Linux服务器网络连通

本地客户端PC的IP地址为192.168.1.5，远程Linux服务器的IP为192.168.1.11，使用ping测试，具体步骤参考任务2。

3. 通过SecureCRT登录远程主机

在客户端PC上运行SecureCRT，并使用在远程Linux服务器上已经建立的账户（james）登录到远程服务器，配置步骤如下。

1）在Windows系统中，打开SecureCRT，选择快速连接，如图2-17所示。

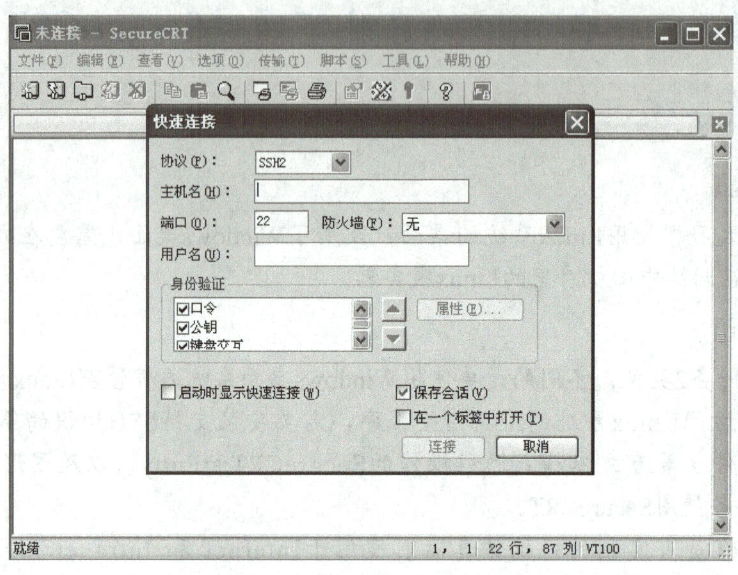

图2-17 SecureCRT5的快速连接

2）输入远程服务器主机的IP地址（如192.168.1.11）、登录用户名（如james），其他选项使用默认设置，如协议SSH2、端口22及身份验证等。然后，点击“连接”按钮，如图2-18所示。

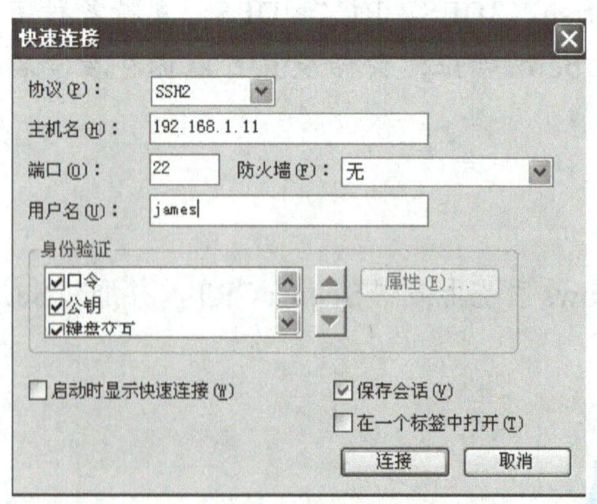

图2-18 SecureCRT5的快速连接设置

3）输入用户验证口令。SecureCRT与远程主机建立连接，并提示输入用户验证口令，如图2-19所示。

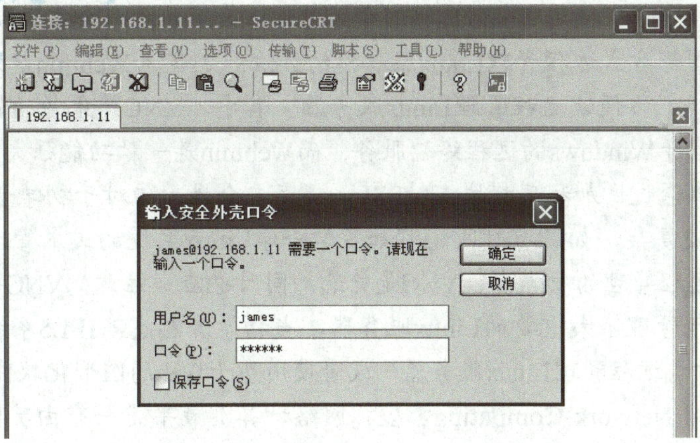

图2-19　SecureCRT5连接的用户验证

4）口令正确验证后，完成连接，并登录到远程主机，如图2-20所示。这样，再通过使用su命令转换为根用户权限，就可以像操作本地服务器一样，管理远程Linux服务器了。

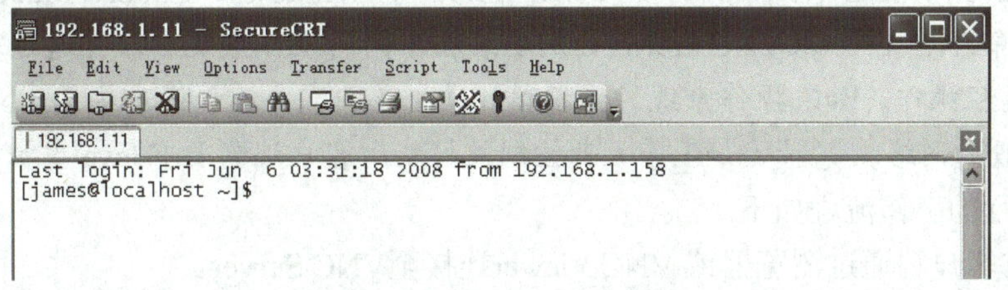

图2-20　SecureCRT5远程登录

使用SecureCRT远程管理Linux服务器时，有时会出现乱码。这是因为Red Hat Enterprise Linux默认的语言编码是zh_CN.UTF-8，用于X-Window环境下的正常显示汉字，但是在使用SecureCRT远程管理时，则会出现乱码。要解决这个问题，需要在Linux服务器上编辑配置文件 /etc/sysconfig/i18n，将第一句的：

```
LANG= "zh_CN.UTF-8"
```

修改为：

```
LANG= "zh_CN.GB18030"
```

修改完成后，需重新启动Linux服务器系统。

2.5　任务4——Windows系统下通过VNC远程登录

2.5.1　需求分析

【任务情境】

由于管理员是Linux初学者，不熟悉Linux系统的文本命令，希望能像操作Windows那样，通过鼠标点击操作，以图形方式完成对远程Linux服务器的管理。

【任务分析】

因管理员已经习惯了使用Windows图形方式操作，又不熟悉命令文本。Linux系统为这类用户提供了两种图形方式远程管理Linux服务器的方法：VNC和Webmin。这两种方法都可以让初学者非常直观、方便地远程管理Linux服务器。其中，VNC是免费的软件，安装和使用都非常简单，相当于Windows的远程终端服务；而Webmin是一款功能强大的基于Web的图形化管理工具，可以通过增加程序模块支持SSL，提高安全性。但对于初学者来说，Webmin的安装和使用都比较复杂，如果有时间还不如多学一学Linux系统的文本管理命令。因此，对于喜欢图形方式远程管理的初学者，VNC是首选。同时也应当注意，VNC并不像OpenSSH那样安全，只适用于管理不太重要的Linux服务器，当初学者熟悉RHEL5系统以后，应该使用SSH的文本命令方式远程管理Linux服务器，或者使用基于Web的图形化软件Webmin。

VNC（Virtual Network Computing，虚拟网络计算）最早是一套由英国剑桥大学ATT实验室在2002年开发的轻量型的远程控制计算机软件，其采用了GPL授权条款，任何人都可免费取得该软件。VNC软件主要由两个部分组成：VNC server及VNC viewer。用户需先将VNC server安装在被控端的计算机上后，才能在主控端执行 VNC viewer 控制被控端。

VNC server与VNC viewer支持多种操作系统，如 Windows、Linux、MacOS及UNIX 系列，因此可将VNC server及VNC viewer分别安装在不同的操作系统中，并通过客户端的VNC viewer进行远程操作。如果操作系统的主控端计算机（即客户端）没有安装 VNC viewer，也可以通过一般的网络浏览器（如IE等）来控制被控端，客户端需要有Java 虚拟机的支持。

VNC运行的工作流程如下：

1）VNC客户端通过浏览器或 VNC Viewer连接至VNC Server。

2）VNC Server传送一对话窗口至客户端，要求输入连接密码，以及存取的VNC Server显示装置。

3）在客户端输入连接密码后，VNC Server验证客户端是否具有存取权限。

4）如果客户端通过了VNC Server的验证，客户端即要求VNC Server显示桌面环境。被控端将画面显示控制权交给VNC Server负责。

5）VNC Server将被控端的桌面环境利用VNC通信协议送至客户端，并且允许客户端使用该桌面环境远程操作被控端系统。

2.5.2 配置方案

在Linux服务器上安装和启动VNC服务。在客户端安装VNC，并通过VNC远程登录Linux服务器。

2.5.3 配置过程

1. 在Linux服务器端安装和启动VNC服务

在安装RHEL5时，VNC服务会被默认安装到服务器上，不必重新安装，除非被删除。

1）建立VNC服务的远程桌面。命令语法为：

```
vnc-server：用户桌面号
```

例如，建立并启动root用户桌面1。首次建立时，会提示要求输入设置的密码，如图2-21所示，这个密码用于客户端远程访问时使用。

```
[root@localhost ~]# vnc-server :1
You will require a password to access your desktops.
Password:
```

图2-21　建立并启动root用户桌面1

VNC服务使用的TCP端口号从5900开始，第一个桌面号的服务使用5901，第二个桌面号使用5902等。如果服务器开启了防火墙，需要设置打开这些相应的端口号。对于上面启动的桌面1，可以使用如下命令设置防火墙。

```
[root@localhost ~]# iptables –I INPUT –p tcp –dport 5901 –j ACCEPT
[root@localhost ~]# iptables –I INPUT –p tcp –dport 5801 –j ACCEPT
```

2）设置远程显示的桌面。VNC服务默认使用twm图形桌面，非常简陋。为了在远程访问时能显示与Linux服务器一样的KDE或GNOME图形桌面，还需要做一些简单的设置。对于上面建立的root用户桌面，需要修改文件/root/vnc/xstartup的最后一行。如果要使用KDE图形桌面，将该文件中的twm修改为startkde；如果要使用GNOME图形桌面，则修改为gnome-session。本例使用GNOME图形桌面。

例如，在Linux服务器上使用命令vi修改文件/root/vnc/xstartup：

```
[root@localhost ~]# vi /root/vnc/xstartup
```

在显示的文件内容中，将最后一行的twm，修改为gnome-session。

修改完成后，需要重新建立VNC服务桌面。使用下面的命令：

```
[root@localhost ~]# vnc-server -kill :1
[root@localhost ~]# vnc-server :1
```

如果需要多个用户同时连接到远程Linux服务器的VNC服务，可以设置多个桌面号，并添加到系统配置文件/etc/sysconfig/vncservers中，这样，每次系统启动时，会自动启动和建立这些VNC的桌面号。例如，再增加一个james用户，则需在文件/etc/sysconfig/vncservers中添加如下内容：

```
VNCSERVERS="1:root"
VNCSERVERS="2:james"
```

3）启动和停止VNC服务。

启动VNC服务使用命令：

```
[root@localhost ~]# /etc/init.d/vncserver start
```

结果如图2-22所示。

```
[root@localhost ~]# /etc/init.d/vncserver start
启动 VNC 服务器:                                    [确定]
```

图2-22　启动VNC

如果需要重新启动VNC，可以使用命令：

```
[root@localhost ~]# /etc/init.d/vncserver restart
```

结果如图2-23所示。

```
[root@localhost ~]# /etc/init.d/vncserver restart
关闭 VNC 服务器:                                    [确定]
启动 VNC 服务器:                                    [确定]
```

图2-23　重新启动VNC

如果想要停止VNC服务器，可以使用命令：

```
[root@localhost ~]# /etc/init.d/vncserver stop
```

结果如图2-24所示。

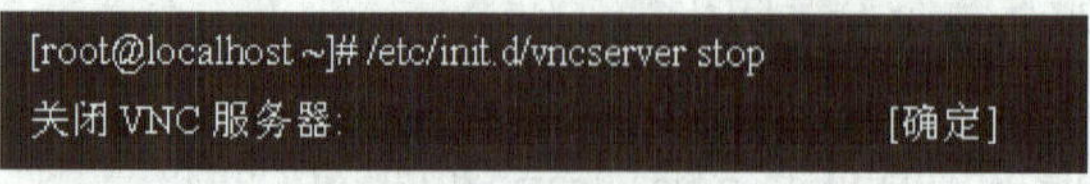

```
[root@localhost ~]# /etc/init.d/vncserver stop
关闭 VNC 服务器:                                    [确定]
```

图2-24　停止VNC

2. 确认客户端PC与服务器的网络连通

使用ping命令测试客户端PC与服务器的网络连通性。具体步骤参考任务2。

3. 在Windows客户端安装和使用VNC

目前常用的VNC客户端软件有两种：一种是共享版，需要购买才能使用；另一种是免费版。共享版中，具代表性的是RealVNC企业版，很容易在Internet上搜索到，目前常用的版本为VNC Enterprise Edition 4。免费版中具代表性的是TightVNC，目前最新版本为1.3.9，可以到网站http://www.tightvnc.com/download.html下载文件"tightvnc-1.3.9-setup.exe"。免费的TightVNC会被一些杀毒软件认为是风险软件，注意不要被杀毒软件清除而无法使用。

本例使用VNC Enterprise Edition 4。VNC Enterprise Edition（VNC企业版）是业界标准的VNC的增强版本，专为企业环境应用和穿越Internet而开发。它完全由VNC的最初发明者设计和开发，VNC企业版提供更好的稳定性和更容易管理的安全性。在客户端安装VNC Enterprise Edition 4软件时，可以选择只安装VNC客户端，而不安装VNC服务器，如图2-25所示。如果需要被控制，才需要安装VNC服务器。

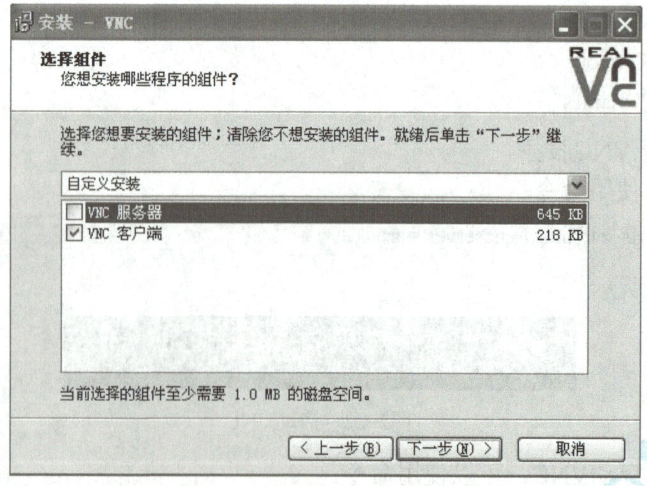

图2-25　VNC4的安装

安装完成后，运行VNC客户端版本4，输入远程Linux服务器的IP地址，如图2-26所示。用户验证口令正确后，即可进入远程Linux服务器的GNOME图形界面窗口。当然，需要远程Linux服务器在安装时选择了安装GNOME图形界面。

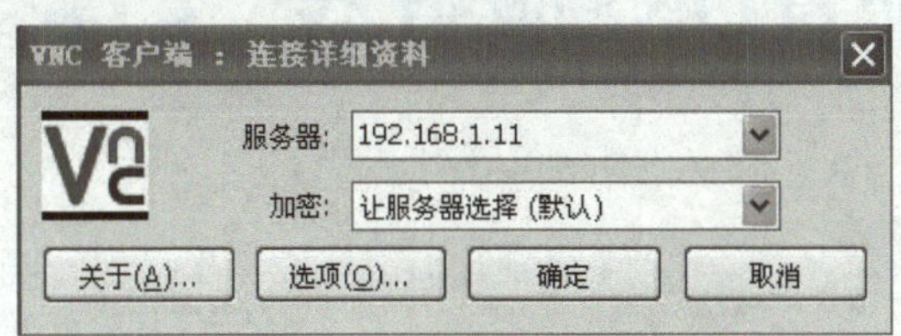

图2-26 VNC4的远程登录

这里介绍的是在Windows系统的客户端使用VNC，如果要在Linux系统的客户端使用VNC，需要安装支持Linux系统的VNC viewer软件包，该软件包可以在Linux系统安装光盘中找到，安装完成后，可以在Linux系统桌面的应用程序中找到VNC viewer，运行后即可看到与在Windows系统上类似的VNC客户端窗口。

2.6 拓展实验

管理员小张刚刚学习了远程管理Linux服务器的一些方法，包括设置Linux系统的OpenSSH服务器，并分别通过Linux系统ssh命令，Windows系统的SecureCRT以及VNC客户端实现对远程的Linux系统实施管理和配置等。但都不太熟练，于是安装了一台Linux服务器，准备试试每种方法，看看哪一种方法更适合自己。小张还查询了关于Webmin的资料，并尝试了通过Webmin远程管理Linux系统的方法。

本 章 小 结

本章介绍了安全地远程管理Linux系统的方法，包括配置OpenSSH服务器，通过Linux系统ssh命令远程管理，通过Windows系统的SecureCRT及VNC远程管理和配置Linux系统。在实际运用中，要注意远程管理的安全性，选择一种适合自己习惯的远程管理方法。

第3章
项目2——配置DNS服务器

📖 **职业能力目标：**

- 了解DNS服务器的发展历史
- 掌握DNS服务器的工作原理，能够架设DNS服务器，维护配置一个域的域名添加与删除
- 能够搭建辅助DNS服务器，掌握缓冲DNS服务器的配置方法

3.1 DNS服务预备知识

在TCP/IP网络中，每台主机都有一个唯一的识别编号，这就是IP地址，在IPV4中它是以点分式十进制的形式存在的，形如xxx.xxx.xxx.xxx，其中每个xxx都表示0～255的整数，例如172.15.1.252。IP地址是各个ISP向IANA提出申请，由IANA统一分发指定，所以可以确保不会产生IP地址冲突的问题，因此使用IP地址可以准确无误的找出指定主机的位置。

当人们在上网的时候，通常输入的是“www.baidu.com”这样的网址，其实这是一个域名，而计算机网络中的计算机彼此之间只能用IP地址才能相互识别。再如，人们访问某Web服务器时请求Web页面，可以在浏览器中输入网址或者是相应的IP地址。例如要浏览百度，可以在IE的地址栏中输入域名“www.baidu.com”，也可输入IP地址“202.108.23.59”，两种方法都可以打开百度的首页。但是一般人很难记住特定的IP地址。为了解决这个恼人的问题，所以有了域名的说法。所谓域名就是将在计算机网络中标识一台计算机的IP地址用一组有实际意义、较容易记住的名称来代替。域名与IP地址之间的转换工作称为域名解析。我们在上网时输入的网址，是通过域名解析系统解析找到相对应的IP地址，这样才能上网。其实，域名的最终指向是IP地址。

在早期的TCP/IP网络中，名称解析的工作其实只是由一台主机来负责，它维护一主机名与IP地址对应的列表（hosts.txt）。每当主机要与网络中其他的主机通信前，源主机都会先向负责维护对应列表的主机查询目的主机的IP地址，等到对应目的主机IP地址解析出来后，这两台主机就可以开始通信了。

上述方法利用单一文件来维护名称解析的工作虽然简单，但是当网络中的主机数目越来越多时，容易产生以下几个问题：①每增加一台主机，就必须修改一次hosts文件。②每台主机的hosts文件不尽相同，所以当新增一台主机添加域名后，无法将这个新增条

目更新到全世界主机的hosts文件中。③当主机数目增多时，名称解析的性能会大大下降，主机等待响应的时间会增加。

为了解决以上问题，提出了DNS的概念。DNS 是域名系统（Domain Name System）的缩写，DNS服务利用类似树状目录的方式，将名称解析的管理分配在不同层次的DNS服务器中，通过分层管理，每台主机维护的信息不会太多，而且相当容易修改，同时通过根服务器的连接，可以将分散在世界各地的DNS服务器逻辑上看成一台DNS服务器。

3.2 任务1—— 安装域名服务器

3.2.1 需求分析

【任务情境】

某企业网内部，各个职能部门都建立了各自的部门网站。为了方便互相通过域名访问，决定建立企业自己的内部DNS服务器。

【任务分析】

首先要在Linux系统中安装DNS服务器及其相关的组件，安装方式选用比较简便常用的RPM方式，安装结束后查看服务器软件运行状态。

3.2.2 配置方案

采用RPM安装方式，DNS安装包主要有如下几个：

- bind：DNS服务器软件。
- bind-utils：bind-utils是bind软件提供的一组DNS工具包，里面有一些DNS相关的工具。主要有：dig、host、nslookup、nsupdate。使用这些工具可以进行域名解析和DNS调试工作。
- bind-chroot：是bind的一个功能，使bind可以在一个chroot的模式下运行。也就是说，bind运行时的/（根）目录，并不是系统真正的/（根）目录，只是系统中的一个子目录而已，这样做的目的是为了提高安全性。因为在chroot的模式下，bind可以访问的范围仅限于这个子目录的范围里，无法进一步提升，进入到系统的其他目录中。
- caching-nameserver：提供默认配置文件的一个软件包，安装后会自动生成配置文件，无需手动编写，新手可以在此配置文件进行修改以满足要求。

以上软件可以到http://www.isc.org下载最新版本，也可以利用Red Hat Enterprise Linux光盘中的RPM包来安装。

安装步骤如下：

1）建立挂载点，挂载光驱。

2）查看已安装的bind的RPM软件包。

3）安装余下部分的RPM软件包。

4）测试bind的运行。

3.2.3　配置过程

具体配置步骤：

1）在文本模式下，以“root”身份登录到Linux系统。

2）进入到Red Hat Enterprise Linux DVD光盘中的Server目录，命令如下。

```
[root@localhost ~]#mkdir /mnt/cdrom
[root@localhost ~]#mount /dev/cdrom /mnt/cdrom
[root@localhost ~]#cd /mnt/cdrom/Server/
```

3）查找光盘中提供的bind服务器安装所需的RPM软件包，命令如下。

```
[root@localhost Server]# ls bind*
```

系统列出了下面7个RPM软件包，如图3-1所示。其中包含想要安装的bind、bind-utils、bind-chroot 3个软件包。

```
[root@localhost Server]# ls bind*
bind-9.3.4-6.P1.el5.i386.rpm                  bind-libs-9.3.4-6.P1.el5.i386.rpm
bind-chroot-9.3.4-6.P1.el5.i386.rpm           bind-sdb-9.3.4-6.P1.el5.i386.rpm
bind-devel-9.3.4-6.P1.el5.i386.rpm            bind-utils-9.3.4-6.P1.el5.i386.rpm
bind-libbind-devel-9.3.4-6.P1.el5.i386.rpm
```

图3-1　bind所提供软件包

```
[root@localhost Server]# ls caching*
```

将显示caching-nameserver软件包。

4）查看系统已安装的软件包。

```
[root@localhost Server]#rpm –qa |grep bind
[root@localhost Server]#rpm –qa |grep caching
```

Red Hat Enterprise Linux 5.2默认没有安装bind服务器，但bind-utils这个软件包作为组件已被默认安装了。

5）安装余下的3个软件包。

```
[root@localhost Server]#rpm –ivh bind-9.3.4-6.P1.el5.i386.rpm
[root@localhost Server]#rpm –ivh bind-chroot-9.3.4-6.P1.el5.i386.rpm
[root@localhost Server]#rpm –ivh caching-nameserver-9.3.4-6.P1.el5.i386.rpm
```

安装过程如图3-2所示。

```
[root@localhost ~]# mkdir /mnt/cdrom
[root@localhost ~]# mount /dev/cdrom /mnt/cdrom
mount: block device /dev/cdrom is write-protected, mounting read-only
[root@localhost ~]# cd /mnt/cdrom/Server/
[root@localhost Server]# rpm -ivh bind-9.3.4-6.P1.el5.i386.rpm
warning: bind-9.3.4-6.P1.el5.i386.rpm: Header V3 DSA signature: NOKEY, key ID 37017186
Preparing...                ########################################### [100%]
   1:bind                   ########################################### [100%]
[root@localhost Server]# rpm -ivh bind-chroot-9.3.4-6.P1.el5.i386.rpm
warning: bind-chroot-9.3.4-6.P1.el5.i386.rpm: Header V3 DSA signature: NOKEY, key ID 37017186
Preparing...                ########################################### [100%]
   1:bind-chroot            ########################################### [100%]
[root@localhost Server]# rpm -ivh caching-nameserver-9.3.4-6.P1.el5.i386.rpm
warning: caching-nameserver-9.3.4-6.P1.el5.i386.rpm: Header V3 DSA signature: NOKEY, key ID 3701
Preparing...                ########################################### [100%]
   1:caching-nameserver     ########################################### [100%]
```

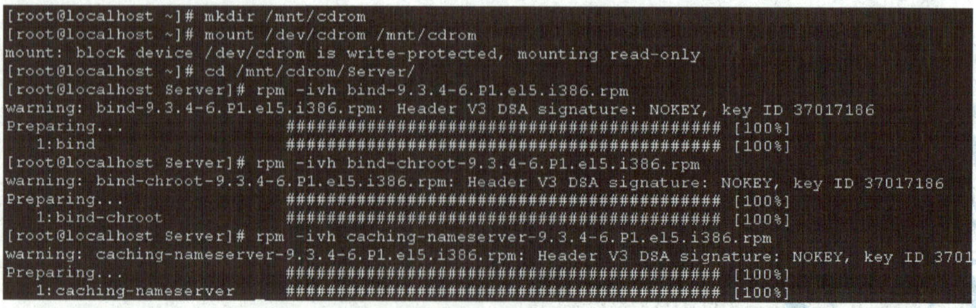

图3-2　安装bind相关软件包

6）启动、重起、关闭DNS服务。

```
[root@localhost Server]#service named start
[root@localhost Server]#service named restart
[root@localhost Server]#service named stop
```

注意

在bind软件中，“service named start”命令也可以用“/etc/rc.d/init.d/named start”这种方式进行调用，其中“start”可以换成“restart”、“stop”、“status”分别表示重新启动服务、停止服务、查看服务状态。

3.2.4 应用测试

1）查看系统已安装的bind服务器组件，命令如下。

```
[root@localhost Server]# rpm -qa|grep bind
```

如果看到了之前提到的bind相关的3个软件包，表明安装完成，如图3-3所示。

```
[root@localhost Server]# rpm -qa |grep bind
bind-9.3.4-6.P1.el5
bind-libs-9.3.4-6.P1.el5
ypbind-1.19-8.el5
bind-chroot-9.3.4-6.P1.el5
bind-utils-9.3.4-6.P1.el5
```

图3-3 系统已安装的bind相关软件包

2）查看系统已安装的caching-nameserver，命令如下。

```
[root@localhost Server]# rpm -qa|grep caching-nameserver
```

如果列出软件名称，表明已安装到系统中，如图3-4所示。

```
[root@localhost Server]# rpm -qa |grep caching-nameserver
caching-nameserver-9.3.4-6.P1.el5
```

图3-4 系统已安装caching-nameserver软件包

3）启动bind服务器，并查看其运行状态，命令如下。

```
[root@localhost Server]# service named start
```

运行成功，会看到如图3-5所示的界面。

```
[root@localhost Server]# service named start
启动 named: [确定]
```

图3-5 启动named界面

看到“确定”，表示启动成功。接下来，还可以查看服务器的运行状态，命令如下。

```
[root@localhost Server]# service named status
```

系统会提示bind服务的进程名称为named，在当前系统的pid为2661，当前named进程维护区域数量为4，详细内容会在后续章节中做详细介绍，如图3-6所示。

```
[root@localhost Server]# service named status
number of zones: 4
debug level: 0
xfers running: 0
xfers deferred: 0
soa queries in progress: 0
query logging is OFF
recursive clients: 0/1000
tcp clients: 0/100
server is up and running
named (pid  2661) 正在运行...
```

图3-6　named服务的工作状态

注意

Berkeley Internet Name Domain(BIND)，软件名称BIND是以上4个单词的缩写。在BIND软件中，用来提供域名解析服务的服务器名称为named。named是name daemon的缩写，Linux系统中所有的服务器都是这种表示方法，比如mysqld、vsftpd分别表示mysql服务器进程、vsftp服务器进程。其中d表示守护进程的意思。

4）查看bind服务器占用端口情况，如图3-7所示，命令如下。

```
[root@localhost Server]# netstat -tnl
```

```
[root@localhost ~]# netstat -tnl
Active Internet connections (only servers)
Proto Recv-Q Send-Q Local Address               Foreign Address             State
tcp        0      0 0.0.0.0:111                 0.0.0.0:*                   LISTEN
tcp        0      0 0.0.0.0:949                 0.0.0.0:*                   LISTEN
tcp        0      0 10.10.1.8:53                0.0.0.0:*                   LISTEN
tcp        0      0 192.168.124.128:53          0.0.0.0:*                   LISTEN
tcp        0      0 127.0.0.1:53                0.0.0.0:*                   LISTEN
tcp        0      0 127.0.0.1:953               0.0.0.0:*                   LISTEN
tcp        0      0 :::22                       :::*                        LISTEN
tcp        0      0 ::1:953                     :::*                        LISTEN
```

图3-7　named服务占用的端口

执行netstat命令，通过参数tnl将所有当前系统运行的TCP协议的端口列出来，这里会看到有53端口和953端口，这两个都是bind服务器运行时需要占用的端口，其中53端口为DNS服务所需端口，953为rndc运行所需端口。

5）设定开机自动启动bind服务器，命令如下。

```
[root@localhost Server]# chkconfig --level 3 named on
[root@localhost Server]# chkconfig --list |grep named
```

如图3-8所示，named服务在level 3为启用，即开机自动启动。

```
[root@localhost ~]# chkconfig --list |grep named
named           0:关闭  1:关闭  2:关闭  3:启用  4:关闭  5:关闭  6:关闭
```

图3-8　named服务的工作状态

3.3　任务2——配置主域名服务器

3.3.1　需求分析

【任务情境】

某企业申请到了abc.com域名，打算建立DNS服务器负责维护区域abc.com，包含www

主机、dns主机、mail主机以及ftp主机。在192.168.124.128这台服务器配置DNS，将www主机和ftp主机解析到192.168.124.129这个IP地址上，将mail主机解析到192.168.124.130这个IP地址上。

【任务分析】

首先在主配置文件中加入区域abc.com，并配置好rndc，在Linux服务器上用nslookup命令进行验证。

3.3.2 配置方案

首先来了解一下构成一个基本的域名解析系统要包含哪些文件。DNS服务器要提供基本的服务功能需要包含以下6个文件。

- DNS主配置文件：/etc/named.conf。
- DNS数据库文件：/var/named/named.ca。
- 本地正向解析文件：/var/named/localhost.zone，其中文件名任意，由named.conf指定。
- 本地反向解析文件：/var/named/127.0.0.zone，其中文件名任意，由named.conf指定。
- 新增区域正向解析文件：/var/named/abc.com.zone。文件名任意，由named.conf指定。
- 新增区域反向解析文件：/var/named/124.168.192.in-addr.arpa.zone，文件名任意，由named.conf指定，这里为了便于记忆，使用ip作为标记，标明这个文件是此ip段的反向解析文件。

上述6个文件是构建一台基本dns服务器所需的最基本的6个配置文件，默认情况下named.conf 在/etc目录下，其余5个文件都在/var/named目录下，为了安全的考虑，软件开发人员，开发了一个新的软件包，bind-chroot软件包，所谓DNS chroot功能，默认是将/var/named/chroot当成根目录，所以本来应该放置在/etc目录的named.conf变成了/var/named/chroot/etc目录下。启用chroot功能后，所有的上述6个文件存放位置应该如下：

- DNS主配置文件：/var/named/chroot/etc/named.conf。
- DNS数据库文件：/var/named/chroot/var/named/named.ca。
- 本地正向解析文件：/var/named/chroot/var/named/localhost.zone。
- 本地反向解析文件：/var/named/chroot/var/named/127.0.0.zone。
- 区域正向解析文件：/var/named/chroot/var/named/abc.com.zone。
- 区域反向解析文件：/var/named/chroot/var/named/124.168.192.in-addr.arpa.zone。

同时为了不影响配置人员的习惯，在原位置/etc、/var/named均设有基本配置文件的链接。如图3-9所示，查看/var/named/named.ca为一个链接文件。

```
[root@localhost named]# cd /var/named
[root@localhost named]# ls -al |grep named.ca
lrwxrwxrwx  1 root  named   37 07-20 18:35 named.ca -> /var/named/chroot//var/na
med/named.ca
```

图3-9 链接文件举例

其中上一节安装的caching-nameserver软件包提供了上述文件中的前4个文件，不用读者自行编写，后两个新增区域的正向及反向解析文件，需要手工添加。注意添加的位置应为/var/named/chroot/var/named目录。

配置步骤如下：

1）查看并编辑named.conf文件。

2）编写新增正向区域文件abc.com.zone。

3）编写新增反向区域文件124.168.192.in-addr.arpa.zone。

4）配置rndc。

3.3.3 配置过程

具体配置步骤：

1）查看bind服务器主配置文件named.conf。

```
[root@localhost ~]#vi /var/named/chroot/etc/named.conf
```

named.conf文件中，包含named服务的主要设置部分，根据设置功能不同，设置部分可分为许多不同类型，具体说明见表3-1。其中以区域zone为主要内容，一个区域zone包括定义该区域zone的类型及对应的文件。DNS区域zone分5种类型，见表3-2。初始状态下除本地区域外，不包含任何未知区域。若该文件不存在或者named进程不能正常运行，可以参考下面的设定，进行对照修改，确保格式的正确性。

```
options {
        directory "/var/named";
};
zone "." {
        type hint;
        file "named.ca";
};
zone "localhost" {
        type master;
        file "localhost.zone";
};
zone "0.0.127.in-addr.arpa" {
        type master;
        file "127.0.0.zone";
};
```

上述基本配置包含3个方面内容。第一部分是配置定义了named服务路径为/var/named。第二部分定义了根区域，区域类型为hint，指向文件为named.ca，这个文件包含DNS服务器的根服务器IP，若接收到的请求，当前服务器无法解析时，则转发给根服务器，由根服务器负责解析请求。第三部分定义了本地正向解析区域localhost及本地反向解析区域0.0.127.in-addr.arpa，均为主区域文件master类型，文件名任意，同时在/var/named/chroot/

var/named目录下存放以file名字命名的区域文件。

表3-1　named.conf文件中设置部分的说明

设置类型	说　明
Logging	定义记录文件内容及记录文件内容传送的对象
Options	设置通用的服务器配置及其他选项默认值
Zone	定义区域内容，每个区域中至少须存在一台DNS服务器
Acl	定义访问控制列表
Key	指定验证和授权时使用的键值（key）信息
Server	设置单个远程服务器的特定配置选项
Controls	声明使用ndc程序时的控制方式
Include	参照其他文件的内容

表3-2　区域类型的说明

区域类型	说　明
Master	DNS主区域
Slave	DNS辅助区域是主区域的复制
Stub	类似于辅助区域，但只复制主区域中NS记录
Forward	转发区域
Hint	用来指定ROOT服务器

2）添加新增正向解析区域及反向解析区域。

在named.conf文件中添加如下代码，通知DNS服务器主程序，新增了两个区域，此时DNS服务器维护区域的数量将由2变成4。可利用service named status验证。

```
zone "abc.com" {
        type master;
        file "abc.com.zone";
};
zone "124.168.192.in-addr.arpa" {
        type master;
        file "124.168.192.in-addr.arpa.zone";
};
```

3）编写新增正向区域文件abc.com.zone。

```
[root@localhost ~]# vi /var/named/chroot/var/named/abc.com.zone
```

在指定目录下建立一个空的文件，名字为abc.com.zone，该名称是由named.conf中对应区域的file项指定的名称。在文件中输入以下代码。

```
$TTL 86400
@        IN        SOA        abc.com.        root.abc.com. (
        2008072001;serial
        28800    ;refresh
        14400    ;retry
```

```
        86400       ;expire
        86400)      ;minimum
@               IN      NS      dns.abc.com.
@               IN      MX  10  mail.abc.com.
dns.abc.com.    IN      A       192.168.124.128
www.abc.com.    IN      A       192.168.124.129
mail.abc.com.   IN      A       192.168.124.130
ftp             IN      CNAME   www
```

根据前面的任务情境分别给出了dns主机、www主机、mail主机及ftp主机的域名解析资源记录。区域的首部给出了SOA资源记录，SOA资源记录包含5个相关参数。这5个参数都是用来控制主域名服务器与辅助域名服务器的同步操作，将在下一节配置辅助域名服务器中做详细说明。表3-3列出了DNS服务器包含的常用资源记录类型及其说明。其中SOA记录和NS记录是每个区域文件都必须定义的，而其余4种常用记录则根据不同的环境及需求定义不同的记录。

表3-3　常用资源记录类型

记 录 类 型	说　　明
SOA	区域的起始授权资源记录
NS	该区域的域名服务器资源记录
A	正向解析资源记录，域名到IP地址的转换
PTR	反向解析资源记录，IP地址到域名的转换
MX	该区域的邮件资源记录
CNAME	主机的别名资源记录

4）编写新增反向区域文件124.168.192.in-addr.arpa.zone。

```
[root@localhost ~]# vi /var/named/chroot/var/named/
124.168.192.in-addr.arpa.zone
```

在指定目录下建立一个空的文件，名字为124.168.192.in-addr.arpa.zone，该名称是由named.conf中对应区域的file项指定的名称。在文件中输入以下代码。

```
$TTL 86400
@       IN      SOA     abc.com.        root.abc.com. (
        2008072001;serial
        28800       ;refresh
        14400       ;retry
        86400       ;expire
        86400)      ;minimum
@               IN      NS      dns.abc.com.
128.124.168.192.in-addr.arpa.       IN      PTR     dns.abc.com.
129             IN      PTR     www.abc.com.
130             IN      PTR     mail.abc.com.
```

5）利用rndc控制DNS服务器。

使用下列命令生成rndc.conf文件。

```
[root@localhost etc]# rndc-confgen >>/etc/rndc.conf
```

查看rndc.conf，将下列代码添加到named.conf文件中，使rndc可以远程控制named服务。

```
key "rndckey" {
        algorithm hmac-md5;
        secret "oYXwrXp89HnCQ0bOTS0zQA==";
};
controls {
        inet 127.0.0.1 port 953
                allow { 127.0.0.1; } keys { "rndckey"; };
};
```

在rndc.conf中定义了key和controls两个区域的相关设定，若caching-nameserver自动生成的主配置文件named.conf中已包含这两个区域配置，应修改named.conf，使得这两个区域相关设定与rndc.conf一致即可，主要是key区域中的secret选项需要同步。使用rndc reload命令控制named服务的重起，相当于要求named服务重新读取一下named.conf文件，这样便于named有区域变动后，使之生效。

```
[root@localhost ~]# rndc reload
```

如图3-10所示，执行完命令，会反馈提示服务重新加载成功。

```
[root@localhost ~]# rndc reload
server reload successful
```

图3-10 rndc控制重起域名解析服务

3.3.4 应用测试

1）在配置完成后，修改Linux服务器的/etc/resolv.conf文件，将Linux服务器的DNS服务器设定为本身，方法如下。

```
[root@localhost ~]# echo nameserver localhost > /etc/resolv.conf
[root@localhost ~]# more /etc/resolv.conf
```

如图3-11所示，上述命令修改/etc/resolv.conf文件，在其中指定nameserver为localhost本机。

```
[root@localhost named]# echo nameserver localhost > /etc/resolv.conf
[root@localhost named]# more /etc/resolv.conf
nameserver localhost
```

图3-11 设定DNS服务器

2）使用nslookup验证配置情况。

①测试起始授权机构SOA资源记录，如图3-12所示。

```
[root@localhost ~]# nslookup -type=soa abc.com
Server:         127.0.0.1
Address:        127.0.0.1#53

abc.com
        origin = abc.com
        mail addr = root.abc.com
        serial = 2008072001
        refresh = 28800
        retry = 14400
        expire = 86400
        minimum = 86400
```

图3-12　测试起始授权机构SOA资源记录

② 测试主机地址A资源记录，如图3-13所示。

```
[root@localhost ~]# nslookup -type=a mail.abc.com
Server:         127.0.0.1
Address:        127.0.0.1#53

Name:   mail.abc.com
Address: 192.168.124.130
```

图3-13　测试主机地址A资源记录

③ 测试反向解析指针PTR资源记录，如图3-14所示。

```
[root@localhost ~]# nslookup -type=PTR 192.168.124.130
Server:         127.0.0.1
Address:        127.0.0.1#53

130.124.168.192.in-addr.arpa    name = mail.abc.com.
```

图3-14　测试反向解析指针PTR资源记录

④ 测试别名CNAME资源记录，如图3-15所示。

```
[root@localhost ~]# nslookup -type=cname ftp.abc.com
Server:         127.0.0.1
Address:        127.0.0.1#53

ftp.abc.com     canonical name = www.abc.com.
```

图3-15　测试别名CNAME资源记录

⑤ 测试名称服务器NS资源记录，如图3-16所示。

```
[root@localhost ~]# nslookup -type=ns abc.com
Server:         192.168.124.128
Address:        192.168.124.128#53

abc.com nameserver = dns.abc.com.
```

图3-16　测试名称服务器NS资源记录

⑥ 测试邮件交换器MX资源记录，如图3-17所示。

```
[root@localhost ~]# nslookup -type=mx abc.com
Server:         127.0.0.1
Address:        127.0.0.1#53

abc.com mail exchanger = 10 mail.abc.com.
```

图3-17　测试邮件交换器MX资源记录

3.4 任务3——配置辅助域名服务器

3.4.1 需求分析

【任务情境】

对于上一小节中配置的主DNS服务器，如果这台服务器出现硬件故障无法启动了，在里面配置的所有信息将丢失，为了及时备份DNS服务器，提出了辅助域名服务器的概念。即配置一台DNS服务器，其功能是在主DNS服务器无法正常工作的情况下，确保数据的完整性，以及可以替代主DNS服务器来完成一个区域的解析工作。在这节中，我们将在192.168.124.129这台服务器上配置辅助域名服务器，使之与192.168.124.128同步。

【任务分析】

在192.168.124.129这台服务器上同样安装bind所必需的软件包，修改配置文件named.conf，在主配置文件中加入区域abc.com，并设置类型为辅助区域。通过查看系统日志的方法，确认辅助域名服务器正常工作。

3.4.2 配置方案

1）在192.168.124.129服务器上安装bind所需软件包。

2）编辑主配置文件named.conf，加入区域abc.com设定类型为辅助类型。

3）当有信息更新时，更新主域名服务器的区域文件，同时增加序列号。

3.4.3 配置过程

1）安装bind所需软件包，方法参看3.2。

2）从192.168.124.128复制主配置文件named.conf，命令如下。

```
scp 192.168.124.128:/etc/named.conf /var/named/chroot/etc
```

3）修改主配置文件named.conf，修改新增正向及反向解析区域，修改后的代码如下。

```
zone "abc.com" {
        type slave;
        file "slaves/abc.com.zone";
        masters { 192.168.124.128; };
};
zone "124.168.192.in-addr.arpa" {
        type slave;
        file "slaves/124.168.192.in-addr.arpa.zone";
        masters { 192.168.124.128; };
};
```

这里声明两个域，一个为新增abc.com正向解析区域，一个为新增反向解析区域，区域类型均为辅助类型，区域对应的文件分别为slaves目录下的abc.com.zone和124、168.192.in-addr.arpa.zone，指定主域名服务器IP为192.168.124.128。

4）更新主域名服务器的区域文件序列号，同步主辅域名服务器的信息。

在一个区域文件中，SOA记录包含5个参数，用来控制主域名服务器与辅助域名服务器同步更新的过程，其中具体含义详见表3-4。为了通知辅助域名服务器有内容变动，这里用增加序列号的方法来通知辅助域名服务器内容更新。

表3-4 SOA记录中的5个参数

选　项	说　明
序列号（Serial）	区域文件的修订号码（序列号），每次修改区域文件时，增加此序列号，当slave DNS服务器要更新数据同步时，它会首先比较这个号码，如果此处值较大，则会更新区域文件
更新时间（Refresh）	表示slave与master DNS服务器同步的时间间隔，在到达此时间后，slave DNS开始更新操作
重试时间（Retry）	如果同步未成功，则slave DNS服务器会在此处设置的时间间隔再次尝试同步操作
过期时间（Expiry）	如果slave DNS服务器一直无法成功的与master DNS服务器进行同步，则在此设置时间后，放弃同步操作。expiry必须大于或等于refresh加上retry的时间
辅助域名服务器默认最小缓存时间（Minimum）	如果同步操作未能完成，则TTL最小值会应用到区域中的所有资源记录。定义资源记录的最小生存周期。如果不定义$TTL变量，将默认采用这里的设定值作为TTL

3.4.4 应用测试

1）查看系统日志，分析辅助域名服务器运行状况。

```
[root@localhost ~]# tail /var/log/messages
```

使用上述命令可以看到系统的最新日志，如图3-18所示。最新生成的日志记录了区域的更新过程，前5条是主域名服务器与辅助域名服务器协商发送区域abc.com；后5条是主域名服务器与辅助域名服务器协商发送区域124.168.192.in-addr.arpa。如果在日志中看到图3-18所示的过程，则说明主域名服务器与辅助域名服务器同步成功。

```
[root@localhost slaves]# tail /var/log/messages
Jul 23 23:23:00 localhost named[2419]: zone abc.com/IN: Transfer started.
Jul 23 23:23:00 localhost named[2419]: transfer of 'abc.com/IN' from 192.168.124.128#53: con
nected using 192.168.124.129#39679
Jul 23 23:23:00 localhost named[2419]: zone abc.com/IN: transferred serial 2008072003
Jul 23 23:23:00 localhost named[2419]: transfer of 'abc.com/IN' from 192.168.124.128#53: end
 of transfer
Jul 23 23:23:00 localhost named[2419]: zone abc.com/IN: sending notifies (serial 2008072003)
Jul 23 23:23:00 localhost named[2419]: zone 124.168.192.in-addr.arpa/IN: Transfer started.
Jul 23 23:23:00 localhost named[2419]: transfer of '124.168.192.in-addr.arpa/IN' from 192.16
8.124.128#53: connected using 192.168.124.129#38798
Jul 23 23:23:00 localhost named[2419]: zone 124.168.192.in-addr.arpa/IN: transferred serial
2008072001
Jul 23 23:23:00 localhost named[2419]: transfer of '124.168.192.in-addr.arpa/IN' from 192.16
8.124.128#53: end of transfer
Jul 23 23:23:00 localhost named[2419]: zone 124.168.192.in-addr.arpa/IN: sending notifies (s
erial 2008072001)
```

图3-18 查看系统日志

2）进入到指定目录下，查看相应区域的文件复制。

默认情况下，辅助域名服务器区域文件存放在/var/named/chroot/var/named/slaves目录下。在服务器运行之前，这个目录是空的，当服务器正常启动并与主域名服务器同步后，这个目录会自动生成对应区域的文件复制，如图3-19所示。

```
[root@localhost slaves]# pwd
/var/named/chroot/var/named/slaves
[root@localhost slaves]# ls
124.168.192.in-addr.arpa.zone  abc.com.zone
```

图3-19　文件复制列表

3）查看具体文件复制内容。

图3-20为124.168.192.in-addr-arpa.zone的具体内容，并不单纯的是文件的复制，而是按照标准格式列出了相关信息，例如给出了$TTL为86400，转换成具体的时间为一天。SOA资源记录的5个参数，分别给出了其含义并且换算成具体时间，便于阅读。

```
$ORIGIN .
$TTL 86400      ; 1 day
124.168.192.in-addr.arpa IN SOA abc.com. root.abc.com. (
                                2008072004 ; serial
                                28800      ; refresh (8 hours)
                                14400      ; retry (4 hours)
                                86400      ; expire (1 day)
                                86400      ; minimum (1 day)
                                )
                        NS      dns.abc.com.
$ORIGIN 124.168.192.in-addr.arpa.
128                     PTR     dns.abc.com.
129                     PTR     www.abc.com.
130                     PTR     mail.abc.com.
```

图3-20　文件复制具体内容

4）在网管工作站上配置DNS服务器为辅助域名服务器的IP地址，验证辅助域名服务器能否正常工作。

在网上邻居图标上点击右键选择“属性”，在出现的本地连接图标上点击右键选择“属性”，选择“Internet协议（TCP/IP）”属性，在其中首选DNS服务器中填入刚刚配置完成的辅助域名服务器IP。

如果网管工作站可以正常访问互联网，并且能够解析到主DNS服务器维护的区域abc.com，则说明辅助域名服务器正常工作。由于是在Windows上的验证相对简单，留给读者自己验证。

3.5　拓展实验

有时一台域名解析服务器不需要维护一个独立的区域，则此时可以采用缓冲域名服务器的方法。搭建一台缓冲域名服务器，仅提供DNS解析的功能。当接到一个DNS解析请求时，转发给已知的DNS服务器，接受到解析结果后，反馈给客户并在服务器上缓冲一段时间。同时思考如何限制一台DNS服务器只接受特定用户的DNS解析请求，减轻DNS服务器的负担，增加系统的安全性。

本章小结

本章的三个任务，系统地介绍了在Linux系统平台上通过bind软件配置域名服务器的主要步骤。希望读者能够通过阅读本章之后对域名服务器的类型分类有所了解，对各自适用的场合及环境有所认知，并能够搭建DNS域名服务器维护独立的区域。

第4章

项目3——Web服务器安装与配置

📖 **职业能力目标：**

- 了解Apache服务器的发展历史
- 掌握虚拟主机的搭建方法
- 掌握配置解析CGI、PHP、JSP 3种动态网站技术的方法

4.1 Web服务预备知识

Web服务是Internet中最为重要的应用，它是实现信息发布、资料查询、数据处理、视频点播等诸多应用的基本平台，在如今几乎所有政府部门、公司、大专院校、科研院所等都在构建自己的网站的时代，架设Web服务器时Internet和Intranet必不可少的工作。同时Web也是Internet上增长最快的应用，已成为目前规模最大的国际性计算机网络。本章将主要介绍如何使用Apache服务器软件架设Web服务器。

Web服务采用客户/服务器模型来实现，客户机运行Web客户程序，即浏览器，其作用是解释和显示Web页面，响应用户的输入请求，并通过HTTP协议将用户请求传递给Web服务器，并提供了良好的、统一的用户界面。Web服务器端运行服务器程序，使用超文本传输协议（HTTP），其基本功能是监听和响应客户端的HTTP请求，向客户端发出请求处理结果信息。

Apache是世界使用排名第一的Web服务器软件。它可以运行在几乎所有广泛使用的计算机平台上。

Apache源于NCS的Ahttpd服务器，经过多次修改，成为世界上最流行的Web服务器软件之一。Apache取自“a patchy server”的读音，意思是充满补丁的服务器，因为它是自由软件，所以不断有人来为它开发新的功能、新的特性、修改原来的缺陷。Apache的特点是简单、速度快、性能稳定，并可做代理服务器来使用。

本来Apache只用于小型或试验Internet网络，后来逐步扩充到各种UNIX系统中，尤其对Linux的支持相当完美。Apache有多种产品，可以支持SSL技术，支持多个虚拟主机。Apache是以进程为基础的结构，进程要比线程消耗更多的系统开支，不太适合于多处理器环境。因此，在一个Apache Web站点扩容时，通常是增加服务器或扩充群集节点而不是增加处理器。到目前为止Apache仍然是世界上使用最多的Web服务器，市场占有率达60%左右。世界上很多著名的网站如Amazon.com、Yahoo!、W3 Consortium、Financial Times

等都是Apache的产物，它的成功之处主要在于它的源代码开放、有一支开放的开发队伍、支持跨平台的应用（可以运行在几乎所有的UNIX、Windows、Linux系统平台上）以及它的可移植性等方面。

4.2 任务1——安装Web服务器

4.2.1 需求分析

【任务情境】

某企业打算自己维护Web服务器，在网络中心部署基于Linux的Web服务器。

【任务分析】

首先要在Linux系统中安装Web服务器软件包Apache，安装方式选项比较简便常用的RPM方式，安装结束后查看服务器软件运行状态。

4.2.2 配置方案

Linux系统中，搭建Web服务器的软件有多种，本章选用应用占有率名列前茅的Apache软件，采用RPM安装方式，实现Web服务器基本功能，如浏览静态页面只需安装一个Apache软件，若想实现较为高级的功能，如浏览jsp文件，则可选择jdk、tomcat等jsp相关软件，这些在后续章节会做介绍。这里只实现基本的功能故需要安装的软件只有一个：

➢ httpd：Web服务器软件。

Apache软件我们可以到http://www.apache.org下载最新版本，也可以利用Redhat Enterprise Linux光盘中的RPM包来安装。

安装配置步骤如下：

1）建立挂载点，挂载光驱。

2）安装httpd软件包。

3）配置Apache服务器。

4）从网管工作站访问服务器IP，浏览网页。

4.2.3 配置过程

具体配置步骤：

1）在文本模式下，以“root”身份登录到Linux系统。

2）进入到Redhat Enterprise Linux DVD光盘中的Server目录，命令如下。

```
[root@localhost ~]#mkdir /mnt/cdrom
[root@localhost ~]#mount /dev/cdrom /mnt/cdrom
[root@localhost ~]#cd /mnt/cdrom/Server/
```

3）查找光盘中提供的Web服务器安装所需的RPM软件包，因选用httpd软件搭建

Web服务器，查找httpd相关软件，命令如下。

```
[root@localhost Server]# ls httpd*
```

结果列有3个RPM软件包，如图4-1所示。其中分别为httpd主程序、httpd帮助文档以及httpd开发软件包。

```
[root@localhost Server]# ls httpd*
httpd-2.2.3-11.el5_1.3.i386.rpm          httpd-manual-2.2.3-11.el5_1.3.i386.rpm
httpd-devel-2.2.3-11.el5_1.3.i386.rpm
```

图4-1　Apache软件包

4）查看系统已安装的软件包。

```
[root@localhost Server]#rpm –qa |grep httpd
```

红帽企业版5.2默认没有安装Apache服务器，上述命令将没有返回结果。

5）安装apache软件包。

```
[root@localhost Server]# rpm -ivh httpd-2.2.3-11.el5_1.3.i386.rpm
```

安装过程如图4-2所示

```
[root@localhost Server]# rpm -ivh httpd-2.2.3-11.el5_1.3.i386.rpm
warning: httpd-2.2.3-11.el5_1.3.i386.rpm: Header V3 DSA signature: NOKEY, key ID 37017186
Preparing...                ########################################### [100%]
   1:httpd                  ########################################### [100%]
```

图4-2　安装httpd软件包

6）启动、重起、关闭httpd服务。

```
[root@localhost Server]#service httpd start
[root@localhost Server]#service httpd restart
[root@localhost Server]#service httpd stop
```

在httpd软件中，“service httpd start”命令也可以用“/etc/rc.d/init.d/httpd start”这种方式进行调用，其中“start”可以换成“restart”、“stop”、“status”、“reload”分别表示重新启动服务、停止服务、查看服务状态、重新读取配置文件。

7）配置httpd服务器满足访问静态网页的需求。

编辑httpd主配置文件，文件位于/etc/httpd/conf/httpd.conf。

```
[root@localhost Server]#vi /etc/httpd/conf/httpd.conf
```

根据任务情境的需求，对Web服务器进行如下设定，以达到预期的效果。Web服务器基本配置参数详见表4-1。

表4-1　Web服务器基本配置参数说明

基本配置参数	说　明
DocumentRoot	设置主目录路径
DirectoryIndex	设置默认文档
Listen	设置监听端口，默认情况是80
ServerRoot	设置配置文件根目录
ServerName	设置服务器主机名称

在配置文件中查找参数并配置成如下代码。

```
DocumentRoot "/var/www/html"
DirectoryIndex index.html
Listen 80
ServerRoot "/etc/httpd"
ServerName 192.168.124.129:80
```

DocumentRoot参数指定网站根目录，默认情况下是/var/www/html目录，可以修改为其他目录，但要首先确认这个目录所有人都具有读权限。如果在一台服务器存在多个网站，则需要采用虚拟主机的方式，为每一个网站指定一个DocumentRoot，这样在访问不同的域名时会指向不同的网站根目录。虚拟主机的具体设定，在后续章节中会详细介绍。

DirectoryIndex参数是设定访问Web服务器的默认文件名称。例如，访问http://192.168.124.129时，没有指明具体访问这台服务器上某个文件时，则会从DirectoryIndex选项中找到默认的文件。在上述例子设定中，就会访问index.html文件。可以设置多个文件，当访问服务器时，会按照顺序依次查找对应的文件，直至查找到相应的文件。举例说明，如果对配置文件中参数进行如下设定。

```
DocumentRoot "/var/www/html"
DirectoryIndex index.html index.htm default.htm
```

当访问服务器时，直接输入服务器IP地址，不指定文件，客户端浏览器会首先访问/var/www/html/目录中的index.html文件，若该文件不存在，则会访问index.htm文件，若index.htm文件也不存在，则会访问default.htm文件。

Listen参数设定Web服务器默认监听的端口，例如，若需要在81端口配置Web服务器，只需在配置文件中加入如下代码。

```
Listen 81
```

配置完之后，就可以通过IP地址加端口号的方式访问Web服务器，如访问192.168.124.129服务器的81端口，可以通过输入http://192.168.124.129:81 来访问。由于http协议默认是80端口，访问80端口时可省略端口号，即输入http://192.168.124.129即可。

4.2.4 应用测试

1）查看系统已安装的httpd软件，命令如下。

```
[root@localhost Server]# rpm -qa httpd
```

如果顺利地安装完软件，这里会显示刚刚安装的软件包名称，表明安装完成，如图4-3所示。

```
[root@localhost ~]# rpm -qa httpd
httpd-2.2.3-11.el5_1.3
```

图4-3 已安装httpd软件包

2）启动httpd服务器，并查看其运行状态，命令如下。

```
[root@localhost Server]# service httpd start
```

运行成功，会看到如图4-4所示界面。

```
[root@localhost ~]# service httpd start
启动 httpd: [确定]
```

图4-4 启动httpd界面

3）查看httpd服务器占用端口情况，命令如下。

```
[root@localhost Server]# netstat -tnl
```

如图4-5所示，执行netstat命令通过参数tnl，将所有当前系统运行的TCP协议的端口列出来。这里会看到有80 端口状态是Listen，表明Web服务器正在监听这个端口。

```
[root@localhost ~]# netstat -tnl
Active Internet connections (only servers)
Proto Recv-Q Send-Q Local Address               Foreign Address             State
tcp        0      0 0.0.0.0:905                 0.0.0.0:*                   LISTEN

tcp        0      0 0.0.0.0:111                 0.0.0.0:*                   LISTEN

tcp        0      0 :::80                       :::*                        LISTEN

tcp        0      0 :::22                       :::*                        LISTEN
```

图4-5 httpd运行时占用的端口

4）设定开机自动启动httpd服务器，命令如下。

```
[root@localhost Server]# chkconfig --level 3 httpd on
[root@localhost Server]# chkconfig --list |grep httpd
```

如图4-6所示，httpd服务器在level 3为启用，即系统开机自动启动httpd服务器。

```
[root@localhost ~]# chkconfig --level 3 httpd on
[root@localhost ~]# chkconfig --list | grep httpd
httpd           0:关闭  1:关闭  2:关闭  3:启用  4:关闭  5:关闭  6:关闭
```

图4-6 httpd服务器的工作状态

5）从网管工作站访问Web服务器 在网管工作站的浏览器中输入http://服务器IP，访问Web服务器。如果之前的配置正常，会显示Apache的测试页面，如图4-7所示。

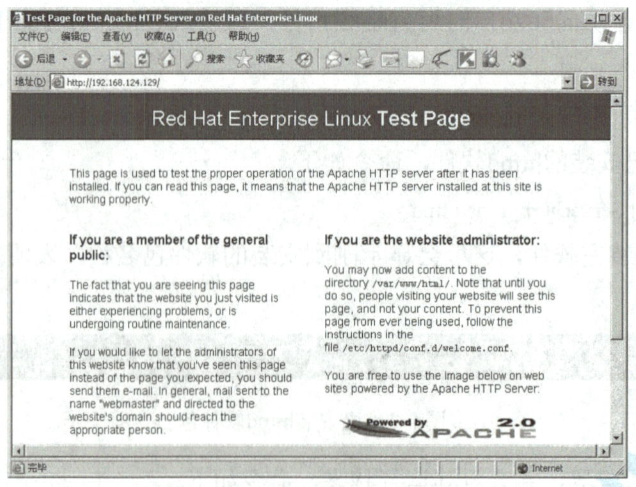

图4-7 网管工作站访问Web服务器

4.3 任务2——配置虚拟主机

4.3.1 需求分析

【任务情境】

一台Web服务器如果仅为一个网站提供服务，那将造成极大的浪费，现在希望多个Web网站建立在一台Web服务器上，网站之间互不干扰。在Web服务器上配置3个Web网站，分别用www1.abc.com、www2.abc.com、www3.abc.com表示，通过设定虚拟主机，访问上述三个域名，从而分别访问三个不同的网站。

【任务分析】

实现虚拟主机，要配合DNS服务器的域名解析功能才能实现，这里首先在DNS服务器中配置www1、www2、www3指向同一个IP地址192.168.124.129。然后在系统中分别建立3个目录，分配给3个网站，并创建index.html文件。最后在Apache中配置虚拟主机。通过网管工作站访问3个域名验证虚拟主机的配置情况。

4.3.2 配置方案

DNS服务器部分的配置可以参见第3章，配置www1、www2、www3分别是www的别名，具体操作就是在区域文件中添加3行CNAME，这里就不再重复说明了。假定上述3个域名均能够正确解析到192.168.124.129这个服务器上。

Web服务器配置的过程如下。

1）在/var/www/html下创建3个目录www1、www2、www3。

2）为每个网站创建一个index.html文件。

3）修改Apache主配置文件，配置虚拟主机。

4.3.3 配置过程

具体配置步骤：

1）创建虚拟主机的根目录。

```
[root@localhost ~]# cd /var/www/html
[root@localhost ~]# mkdir www1 www2 www3
```

图4-8为虚拟主机创建根目录的过程，3个目录都在/var/www/html目录下，之间没有嵌套的关系，相互独立。

```
[root@localhost ~]# cd /var/www/html
[root@localhost html]# mkdir www1 www2 www3
[root@localhost html]# ls
www1  www2  www3
```

图4-8 创建虚拟主机根目录

2）为每个网站创建一个index.html。

```
[root@localhost www1]#vi index.html
```

在www1中创建一个index.html文件，并在其中添加内容用来标识这个index.html文件属于www1目录，这里输入“www1 index page”。同样的方法在www2、www3目录新建index.html文件。

3）编辑httpd配置文件，配置虚拟主机 在httpd主配置文件中默认有一条“Include conf.d/*.conf”语句，它的含义是表明httpd服务在读取配置主配置文件httpd.conf的时候，同时会读取conf.d目录中所有以conf为扩展名的配置文件，这里为了更加清晰地介绍虚拟主机的配置参数，在/etc/httpd/conf.d/目录下新建一个virtualhost.conf文件。将与虚拟主机相关的参数添加到这个新建的配置文件中。

```
[root@localhost conf.d]# vi virtualhost.conf
```

创建一个新的文件，根据任务配置方案，在文件中添加以下代码。

```
NameVirtualHost *:80
<VirtualHost *:80>
ServerName www1.abc.com
DocumentRoot /var/www/html/www1
</VirtualHost>
<VirtualHost *:80>
ServerName www2.abc.com
DocumentRoot /var/www/html/www2
</VirtualHost>
<VirtualHost *:80>
ServerName www3.abc.com
DocumentRoot /var/www/html/www3
</VirtualHost>
```

其中文件第一行表明虚拟主机监听任何IP的80端口。之后是为每台虚拟主机配置一对<VirtualHost></VirtualHost>语句。其中包含ServerName、DocumentRoot参数，分别用来描述域名对应的网站根目录。

细心的读者会发现虚拟主机的参数中也包含了DocumentRoot参数，在上一小节中也提到了这个参数，在上一节中这个参数是一个全局的参数，用来指定网站根目录，而在虚拟主机中的DocumentRoot相当于一个局部的参数，标明这台虚拟主机的根目录，当二者同时存在时，虚拟主机会读取局部的参数，虚拟主机之外的网站会读取全局的参数。虚拟主机主要参数说明见表4-2。

表4-2 虚拟主机主要参数说明

虚拟主机相关参数	说　明
NameVirtualHost	用来描述接收虚拟主机请求的IP地址及端口
VirtualHost	用一对VirtualHost来描述一台虚拟主机
ServerName	每台虚拟主机对应的域名
DocumentRoot	每台虚拟主机的根目录

到这里就完成了最基本的虚拟主机配置。

4.3.4　应用测试

1）首先测试3个域名能否正确解析到指定IP地址上。

在服务器上配置DNS服务，用host命令测试解析结果。

```
[root@localhost www]# host www1.abc.com
```

如图4-9所示，3个域名均正确解析到指定的IP地址上。

```
[root@localhost html]# host www1.abc.com
www1.abc.com is an alias for www.abc.com.
www.abc.com has address 192.168.124.129
[root@localhost html]# host www2.abc.com
www2.abc.com is an alias for www.abc.com.
www.abc.com has address 192.168.124.129
[root@localhost html]# host www3.abc.com
www3.abc.com is an alias for www.abc.com.
www.abc.com has address 192.168.124.129
```

图4-9　验证域名解析

2）为网管工作站指定DNS服务器。在网管工作站进行如下操作，右键点击网上邻居选择“属性”，在出现的界面右键点击本地连接选择“属性”，出现如图4-10所示的本地连接属性对话框。点击Internet协议（TCP/IP），再点击“属性”按钮，会弹出如图4-11界面。

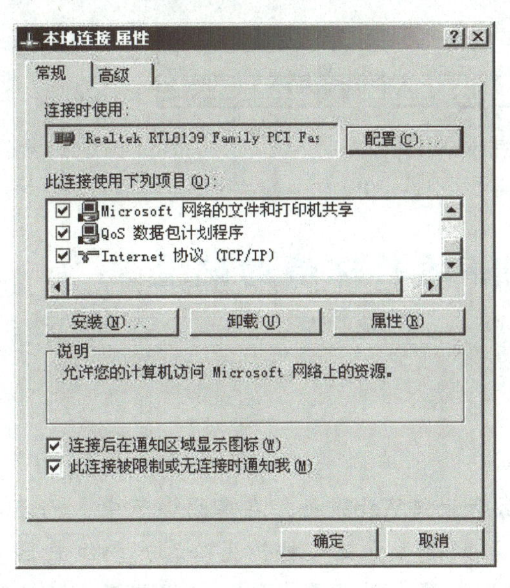

图4-10　本地连接属性

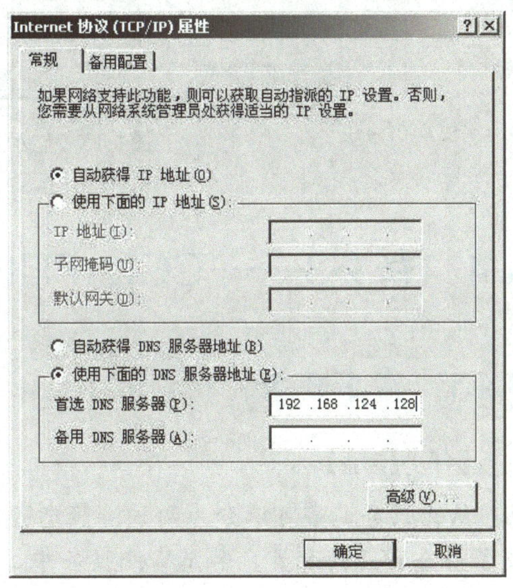

图4-11　配置首选DNS服务器

点击使用下面的DNS服务器地址，在首选DNS服务器中填入DNS服务器IP地址，在这台DNS服务器负责维护abc.com区域，并且添加了3个别名，用做测试。

3）重启httpd服务。使用下面的命令重新启动httpd服务，重新读取配置文件，使虚拟主机生效，只要对配置文件进行修改，为了使修改生效，都需重新启动httpd服务，如图4-12所示。

```
[root@localhost html]# service httpd restart
```

```
[root@localhost html]# service httpd restart
停止 httpd: [确定]
启动 httpd: [确定]
```

图4-12　重启httpd服务

4）从网管工作站访问虚拟主机。打开网管工作站的浏览器，输入虚拟主机的域名，例如访问1号虚拟主机，输入http://www1.abc.com，如果配置正常的话，会正确解析到www1目录下的index.html文件。如图4-13所示。

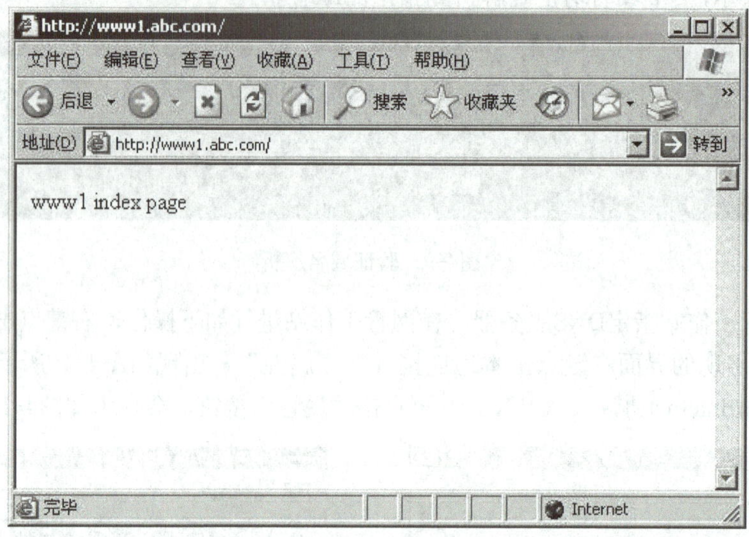

图4-13　显示虚拟主机www1的首页

4.4　任务3——CGI、PHP、JSP运行环境的配置

4.4.1　需求分析

【任务情境】

Web服务通常可以分为两种：静态Web服务和动态Web服务。在前两小节中，已经完成了静态Web的配置，静态Web服务中，服务器只是负责把文档传送给客户端浏览器，网页内容是一定的。而动态Web服务能够实现浏览器和服务器之间的数据交互。Web服务器通过CGI、PHP、JSP等动态网站技术，可以向浏览器发送动态变化的内容。这里将Web服务器配置成能够解析CGI、PHP、JSP 3种主流动态网站技术的服务器。

【任务分析】

CGI需要perl软件包来解析执行，PHP需要php软件包来解析执行，JSP需要jdk与tomcat软件共同来完成解析执行。用rpm方式安装perl、php的rpm软件包，并到网上下载jdk、tomcat软件包，进行安装配置。

4.4.2 配置方案

1）查看并安装perl软件和php软件。

2）下载安装jdk、tomcat软件。

3）配置httpd服务，确保能够解析CGI、PHP、JSP类型的文件。

4）分别编辑CGI、PHP、JSP类型的文件测试。

4.4.3 配置过程

1）查看并安装perl软件和php软件。

```
[root@localhost ~]# rpm -qa perl
[root@localhost ~]# rpm -qa php
```

用上述命令可以查看系统中已安装了perl软件和php软件，结果如图4-14所示。系统默认安装了perl软件，并没有安装php软件。

```
[root@localhost ~]# rpm -qa perl
perl-5.8.8-10.el5_0.2
[root@localhost ~]# rpm -qa php
[root@localhost ~]#
```

图4-14　查询系统perl、php软件包安装情况

挂载光盘，进入到光盘目录，安装php软件，由于php软件包需要php-common、php-cli这两个软件包作为支持，所以需先安装这两个软件包，再安装php软件。具体安装过程如图4-15所示。

```
[root@localhost Server]# rpm -ivh php-common-5.1.6-20.el5.i386.rpm
warning: php-common-5.1.6-20.el5.i386.rpm: Header V3 DSA signature: NOKEY, key ID 37017
186
Preparing...                ########################################### [100%]
   1:php-common             ########################################### [100%]
[root@localhost Server]# rpm -ivh php-cli-5.1.6-20.el5.i386.rpm
warning: php-cli-5.1.6-20.el5.i386.rpm: Header V3 DSA signature: NOKEY, key ID 37017186
Preparing...                ########################################### [100%]
   1:php-cli                ########################################### [100%]
[root@localhost Server]# rpm -ivh php-5.1.6-20.el5.i386.rpm
warning: php-5.1.6-20.el5.i386.rpm: Header V3 DSA signature: NOKEY, key ID 37017186
Preparing...                ########################################### [100%]
   1:php                    ########################################### [100%]
```

图4-15　安装php及相关软件包

2）下载安装jdk、tomcat软件包。到java的官方网站下载jdk软件，选择下载JDK 6 Update 10 for linux版本（http://java.sun.com/javase/downloads/index.jsp），文件大小在73MB左右。

到tomcat的官方网站下载tomcat软件，选择下载tomcat6.0.18 binary版本（http://tomcat.apache.org/download-60.cgi），这个版本不用编译安装，解压后直接能够使用。

3）安装jdk软件　默认情况下，下载完的jdk文件是一个以bin为后缀名的文件，给文件加上可执行权限，执行文件即可开始安装。安装过程如图4-16～图4-18所示。

```
[root@localhost ~]# chmod +x jdk-6u10-rc-bin-b28-linux-i586-21_jul_2008-rpm.bin
```

```
[root@localhost ~]# ./jdk-6u10-rc-bin-b28-linux-i586-21_jul_2008-rpm.bin
Pre-Release Software Evaluation Agreement

SUN MICROSYSTEMS, INC. ("SUN") IS WILLING TO LICENSE
THE JAVA SE DEVELOPMENT KIT (JDK), VERSION 6
PRE-RELEASE SOFTWARE TO LICENSEE ONLY UPON THE
CONDITION THAT LICENSEE ACCEPTS ALL OF THE TERMS
CONTAINED IN THIS LICENSE AGREEMENT ("AGREEMENT").
PLEASE READ THE TERMS AND CONDITIONS OF THIS AGREEMENT
CAREFULLY. BY DOWNLOADING OR INSTALLING THIS SOFTWARE,
LICENSEE ACCEPTS THE TERMS AND CONDITIONS OF THIS
LICENSE AGREEMENT. INDICATE ACCEPTANCE BY SELECTING
THE "ACCEPT" BUTTON AT THE BOTTOM OF THIS AGREEMENT.
IF LICENSEE IS NOT WILLING TO BE BOUND BY ALL THE
TERMS, SELECT THE "DECLINE" BUTTON AT THE BOTTOM OF
THE AGREEMENT AND THE DOWNLOAD OR INSTALL PROCESS WILL
NOT CONTINUE.
```

图4-16　运行jdk安装软件包

```
11.5 This Agreement is the parties' entire agreement
relating to its subject matter. It supersedes all
prior or contemporaneous oral or written
communications, proposals, conditions, representations
and warranties and prevails over any conflicting or
additional terms of any quote, order, acknowledgment,
or other communication between the parties relating to
its subject matter, including any Binary Code
Licenses, Supplemental Terms, or other licenses
contained within Licensed Software. No modification to
this Agreement will be binding, unless in writing and
signed by an authorized representative of each party.
(LFI#151319/Form ID#011801)


Do you agree to the above license terms? [yes or no]
yes
```

图4-17　输入yes同意许可协议

```
Installing JavaDB
Preparing...                ########################################### [100%]
   1:sun-javadb-common      ########################################### [ 17%]
   2:sun-javadb-core        ########################################### [ 33%]
   3:sun-javadb-client      ########################################### [ 50%]
   4:sun-javadb-demo        ########################################### [ 67%]
   5:sun-javadb-docs        ########################################### [ 83%]
   6:sun-javadb-javadoc     ########################################### [100%]

Java(TM) SE Development Kit 6 successfully installed.
```

图4-18　成功安装jdk软件包

软件默认将jdk安装在/usr/java/jdk1.6.0_10目录下，为了后面配置方便，进入到/usr/目录创建一个链接文件。

```
[root@localhost usr]# ln -s /usr/jdk /usr/java/jdk1.6.0_10/
```

4）安装tomcat软件。解压缩下载的tomcat软件包，将解压后的文件存放在/usr/local目录下，同样为tomcat也建立一个链接文件。

```
[root@localhost local]# tar -zxvf apache-tomcat-6.0.18.tar.gz
[root@localhost local]# ln –s /usr/local/tomcat /usr/local/apache-tomcat-6.0.18
```

5）CGI运行环境配置。首先打开网站目录的CGI执行权限，在主配置文件httpd.conf文件中查找<Directory "/var/www/html">，在其后面的Options选项添加ExecCGI，如图4-19所示。

```
<Directory "/var/www/html">

#
# Possible values for the Options directive are "None", "All",
# or any combination of:
#   Indexes Includes FollowSymLinks SymLinksifOwnerMatch ExecCGI MultiViews
#
# Note that "MultiViews" must be named *explicitly* --- "Options All"
# doesn't give it to you.
#
# The Options directive is both complicated and important.  Please see
# http://httpd.apache.org/docs/2.2/mod/core.html#options
# for more information.
#
    Options Indexes FollowSymLinks ExecCGI
```

图4-19　在Options中添加ExecCGI

接着需要让httpd服务器识别cgi类型的文件，在配置文件中找到

```
#AddHandler cgi-script .cgi
```

取消前面的#注释，这样就完成了CGI的配置。

6）PHP运行环境配置。之前安装的php文件默认会在目录/etc/httpd/conf.d下新建一个php.conf文件，只要修改php.conf就可以完成php运行环境的配置。编辑php.conf文件，查找语句“AddType application/x-httpd-php-source .phps”，取消前面的#注释，并将其改为“AddType application/x-httpd-php-source .phps .php .php3”即可完成PHP的配置。

7）JSP运行环境配置。修改/etc/profile文件，在文件的末尾加入下列代码。把jdk和tomcat的环境变量添加到系统的环境变量中。

```
export JAVA_HOME=/usr/jdk
export JRE_HOME=/usr/jdk/jre/
export CLASSPATH=$JAVA_HOME/lib/tools.jar:$JAVA_HOME/lib/dt.jar
export PATH=$JAVA_HOME/bin:$JRE_HOME/bin:$PATH
export CATALINA=/usr/local/apache-tomcat-6.0.18
```

添加完成后，保存退出，执行下面的命令使环境变量生效，完成JSP的配置。

```
[root@localhost ~]# source /etc/profile
```

4.4.4　应用测试

1）编写cgi和php的测试文件。

在/var/www/html目录下新建两个文件test1.cgi和test2.php。

在test1.cgi中输入如下代码。

```
#!/usr/bin/perl
print "Content-type: text/html\n\n";
print "Hello, World."
```

cgi文件还得具有执行权限才能运行，这里使用下面的命令为cgi文件赋予执行权限。

```
[root@localhost html]# chmod +x test1.cgi
```

编辑test2.php文件输入如下代码。

```
<? phpinfo();?>
```

2）重起httpd服务，并启动tomcat服务。为了使之前的配置文件生效，需要重新启动httpd服务，使用下面命令完成。

```
[root@localhost ~]# service httpd restart
```

通过执行下面的命令启动tomcat服务，使之能够解析jsp文件。

```
[root@localhost html]# /usr/local/tomcat/bin/startup.sh
```

3）测试CGI、PHP、JSP 3种类型的文件。在网管工作站的浏览器中输入http://192.168.124.129/test1.cgi，测试CGI的运行环境，如图4-20所示。

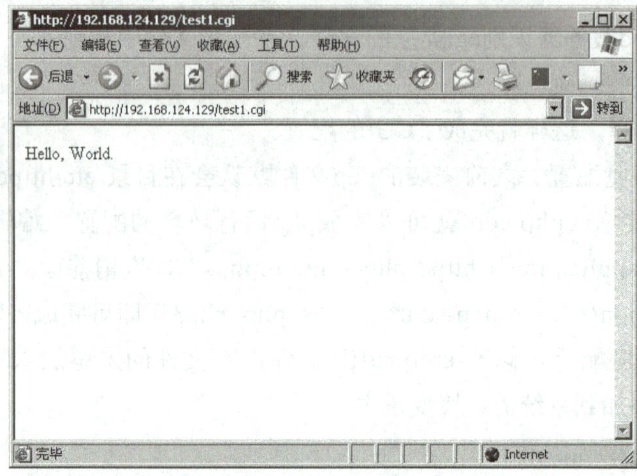

图4-20 测试CGI运行环境

在网管工作站的浏览器中输入http://192.168.124.129/test2.php，测试PHP的运行环境，如图4-21所示。

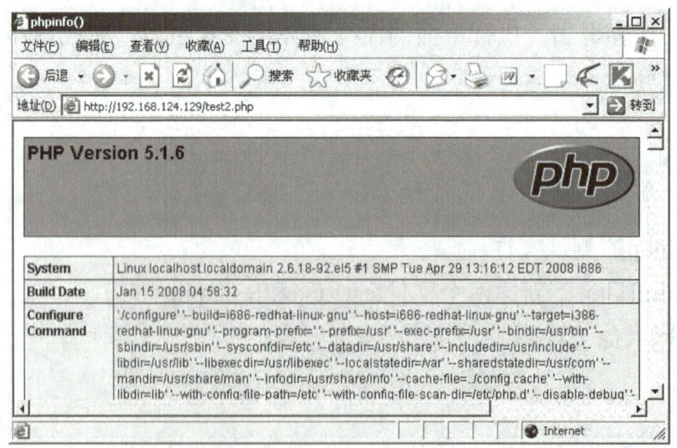

图4-21 测试PHP运行环境

在网管工作站的浏览器中输入http://192.168.124.129:8080/index.jsp，测试JSP的运行环境，如图4-22所示。

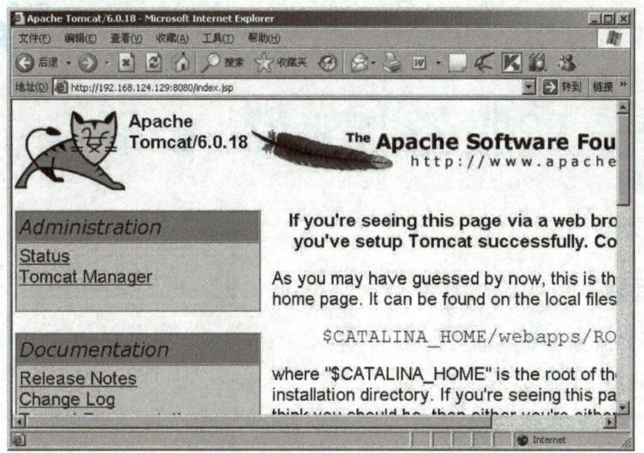

图4-22　测试JSP运行环境

4.5　拓展实验

默认情况下tomcat需要手动执行/usr/local/tomcat/bin/startup.sh脚本，启动tomcat服务，请读者尝试将tomcat配置成系统服务，随系统自动启动。

本 章 小 结

本章详细介绍了在Linux系统平台上通过httpd软件搭建Web服务器的过程，以及虚拟主机技术以及3种主流动态网站技术的运行环境配置。通过对主要参数的讲解，使读者能够掌握Web服务器的基本配置。

第5章

项目4——FTP服务器架设

职业能力目标：

- 了解FTP服务器的工作原理
- 掌握搭建FTP服务器的方法

5.1 FTP服务预备知识

FTP（File Transfer Protocol）是文件传输协议的简称。用于Internet上的控制文件的双向传输。同时，它也是一个应用程序（Application）。用户可以通过它把自己的PC机与世界各地所有运行FTP协议的服务器相连，访问服务器上的大量程序和信息。

FTP协议需要通过TCP协议建立两个连机通道才能够顺利地传输数据，一个是“传输控制信息”通道，TCP端口号为21；另一个是“传输数据信息”通道，TCP端口号为20。FTP支持两种模式建立通道，一种方式叫做Standard（也就是PORT模式，主动模式），一种是Passive（也就是PASV模式，被动模式）。Standard模式FTP的客户端发送PORT命令到FTP服务器。Passive模式FTP的客户端发送 PASV命令到FTP Server。

下面介绍一个这两种方式的工作原理。

Port模式FTP 客户端首先和FTP服务器的TCP 21端口建立连接，通过这个通道发送命令，客户端需要接收数据的时候在这个通道上发送PORT命令。PORT命令包含了客户端用什么端口接收数据。在传送数据的时候，服务器端通过自己的TCP 20端口连接至客户端的指定端口发送数据。FTP Server必须和客户端建立一个新的连接用来传送数据。

Passive模式在建立控制通道的时候和Standard模式类似，但建立连接后发送的不是Port命令，而是Pasv命令。FTP服务器收到Pasv命令后，随机打开一个高端端口（端口号大于1024）并且通知客户端在这个端口上传送数据的请求，客户端连接FTP服务器此端口，然后FTP服务器将通过这个端口进行数据的传送，这个时候FTP 服务器不再需要建立一个新的和客户端之间的连接。因为这种“传输数据信息”通道建立方式是FTP服务器被动等客户端来连接，故称为“被动模式”。

很多防火墙在设置的时候都是不允许接受外部发起的连接的，所以许多位于防火墙后或内网的FTP服务器不支持PASV模式，因为客户端无法穿过防火墙打开FTP服务器的高端端口；而许多内网的客户端不能用PORT模式登录FTP服务器，因为从服务器的TCP 20端口无法和内部网络的客户端建立一个新的连接，造成无法工作。

5.2 任务1——搭建匿名访问FTP服务器

5.2.1 需求分析

【任务情境】

在企业的日常办公过程中，经常需要员工共享一些数据文件，提高工作效率。搭建一台基于Linux服务器的FTP服务器可以满足这种需求。

【任务分析】

首先要在Linux系统中采用RPM方式安装FTP服务器及其相关的组件，安装完软件，对服务器进行简单的配置，通过网管工作站匿名登录FTP服务器，进行上传、下载测试。

5.2.2 配置方案

Linux系统中FTP软件有多种，这里选用口碑较好的vsftp软件，它采用RPM安装方式。实现FTP服务器基本功能只需安装一个vsftpd软件，若想实现较为高级的功能，可配合db4等数据库软件使用，这些在后续章节会做介绍。这里只实现基本的功能故需要安装vsftp。

- vsftpd：FTP服务器软件。

该软件可以到http://www.isc.org下载最新版本，也可以利用Red Hat Enterprise Linux光盘中的RPM包来安装。

安装配置步骤如下：

1）建立挂载点，挂载光驱。

2）安装vsftpd软件包。

3）配置FTP服务器。

4）从网管工作站匿名登录FTP服务器。

5.2.3 配置过程

具体配置步骤：

1）在文本模式下，以“root”身份登录到Linux系统。

2）进入到Red Hat Enterprise Linux DVD光盘中的Server目录，命令如下。

```
[root@localhost ~]#mkdir /mnt/cdrom
[root@localhost ~]#mount /dev/cdrom /mnt/cdrom
[root@localhost ~]#cd /mnt/cdrom/Server/
```

3）查找光盘中提供的FTP服务器安装所需的RPM软件包，因选用vsftpd软件搭建

FTP服务器，查找vsftp相关软件，命令如下。

```
[root@localhost Server]# ls vsftp*
```

结果只有一个RPM软件包，如图5-1所示。

```
[root@localhost Server]# ls vsftp*
vsftpd-2.0.5-12.el5.i386.rpm
```

图5-1 vsftpd软件包

4）查看系统已安装的软件包，命令如下。

```
[root@localhost Server]#rpm –qa |grep vsftpd
```

红帽企业版5.2默认没有安装FTP服务器，上述命令将没有返回结果。

5）安装vsftpd软件包，命令如下。

```
[root@localhost Server]#rpm –ivh vsftpd-2.0.5-12.el5.i386.rpm
```

安装过程如图5-2所示。

```
[root@localhost Server]# rpm -ivh vsftpd-2.0.5-12.el5.i386.rpm
warning: vsftpd-2.0.5-12.el5.i386.rpm: Header V3 DSA signature: NOKEY, key ID 37017186
Preparing...                ########################################### [100%]
   1:vsftpd                 ########################################### [100%]
```

图5-2 安装vsftpd软件包

6）启动、重启、关闭vsftpd服务，命令如下。

```
[root@localhost Server]#service vsftpd start
[root@localhost Server]#service vsftpd restart
[root@localhost Server]#service vsftpd stop
```

在vsftpd软件中，“service vsftpd start”命令也可以用“/etc/rc.d/init.d/vsftpd start”这种方式进行调用，其中“start”可以换成“restart”、“stop”、“status”分别表示重新启动服务、停止服务、查看服务状态。

7）配置vsftpd服务器满足匿名用户访问。编辑vsftpd主配置文件，文件位于/etc/vsftpd/vsftpd.conf。

```
[root@localhost Server]#vi /etc/vsftpd/vsftpd.conf
```

根据任务情境的需求，找到跟匿名用户相关的选项，设定参数，以达到预期的效果。匿名用户常用参数见表5-1。在配置文件中加入如下代码。

```
anonymous_enable=YES
anon_umask=022
anon_upload_enable=YES
anon_mkdir_write_enable=YES
anon_other_write_enable=YES
```

其中umask分3个数值，分别代表当前用户、同组用户、组外用户的权限。Linux系统里对于一个文件包含读、写、执行3方面权限，分别赋值为4、2、1。这里的022代表对当前用户不做限制，取消同组用户和组外用户的写权限。

表5-1　匿名用户相关参数说明

匿名用户相关参数	说　明
anonymous_enable	允许匿名用户登录
anon_umask	匿名用户上传的文档权限，默认情况值为022
anon_upload_enable	允许匿名用户上传文件
anon_mkdir_write_enable	允许匿名用户建立目录
anon_other_write_enable	允许匿名重名名文件及删除文件

系统默认情况下FTP服务器根目录指向/var/ftp文件夹，如图5-3所示，文件夹所有者为root用户，文件夹属性为755，可以用下面命令查看。

```
[root@localhost ftp]#ls –al /var/ftp
```

```
[root@localhost ftp]# ls -al /var/ftp
总计 24
drwxr-xr-x  3 root root 4096 10-05 23:57 .
drwxr-xr-x 23 root root 4096 10-05 18:36 ..
drwxr-xr-x  5 root root 4096 10-05 23:51 pub
```

图5-3　显示FTP服务器根目录权限

为了让匿名用户拥有写权限，也就是对pub文件夹的组外用户增加写权限，用下面的方法可以将pub文件夹修改权限。

```
[root@localhost ftp]#chmod –R 777 /var/ftp/pub
```

如图5-4所示，pub文件夹具备了所有的权限，这样匿名用户也可以对其进行添加删除操作了。至此完成了对于匿名用户FTP的配置。

```
[root@localhost ftp]# chmod -R 777 /var/ftp/pub
[root@localhost ftp]# ls -al /var/ftp
总计 24
drwxr-xr-x  3 root root 4096 10-05 23:57 .
drwxr-xr-x 23 root root 4096 10-05 18:36 ..
drwxrwxrwx  5 root root 4096 10-05 23:51 pub
```

图5-4　为pub文件夹修改权限

5.2.4　应用测试

1）查看系统已安装的vsftpd软件，命令如下。

```
[root@localhost Server]# rpm -qa|grep vsftpd
```

如果顺利地安装完软件，这里会显示刚刚安装的软件包名称，表明安装完成，如图5-5所示。

```
[root@localhost Server]# rpm -qa |grep vsftpd
vsftpd-2.0.5-12.el5
```

图5-5　已安装vsftpd软件包

2）启动vsftpd服务器，并查看其运行状态，命令如下。

```
[root@localhost Server]# service vsftpd start
```

运行成功，会看到如图5-6所示界面。

```
[root@localhost Server]# service vsftpd start
为 vsftpd 启动 vsftpd: [确定]
```

图5-6　启动vsftpd界面

3）查看vsftpd服务器占用端口情况，命令如下。

```
[root@localhost Server]# netstat -tnl
```

如图5-7所示，执行netstat命令通过参数tnl，将所有当前系统运行的TCP协议的端口列出来，这里会看到有21端口状态是“Listen”，这就是前面章节提到的“传输控制信息”通道占用的端口，服务器监听看是否有连接请求。

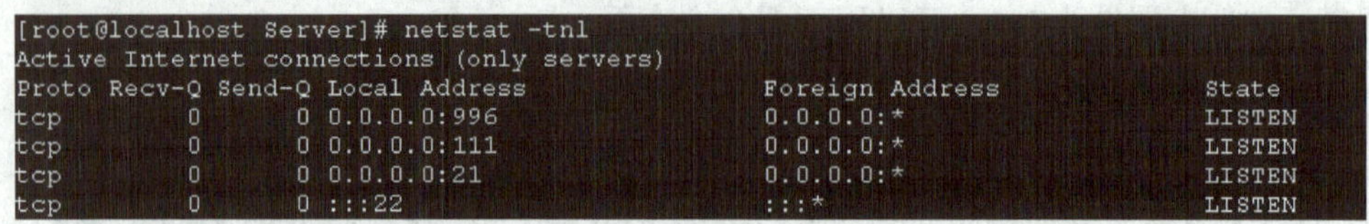

```
[root@localhost Server]# netstat -tnl
Active Internet connections (only servers)
Proto Recv-Q Send-Q Local Address               Foreign Address             State
tcp        0      0 0.0.0.0:996                 0.0.0.0:*                   LISTEN
tcp        0      0 0.0.0.0:111                 0.0.0.0:*                   LISTEN
tcp        0      0 0.0.0.0:21                  0.0.0.0:*                   LISTEN
tcp        0      0 :::22                       :::*                        LISTEN
```

图5-7　vsftpd运行时占用的端口

4）设定开机自动启动vsftpd服务器，命令如下。

```
[root@localhost Server]# chkconfig --level 3 vsftpd on
[root@localhost Server]# chkconfig --list |grep vsftpd
```

如图5-8所示，vsftpd服务器在level 3为启用，即系统开机自动启动vsftpd服务器。

```
[root@localhost Server]# chkconfig --level 3 vsftpd on
[root@localhost Server]# chkconfig --list |grep vsftpd
vsftpd          0:关闭  1:关闭  2:关闭  3:启用  4:关闭  5:关闭  6:关闭
```

图5-8　vsftpd服务器的工作状态

5）从网管工作站匿名登录FTP服务器。在网管工作站的浏览器中输入ftp://服务器IP，就会以匿名身份登录到FTP服务器上，结果如图5-9所示。pub文件夹即为匿名用户可以上传下载的目录。还等什么，测试一下吧。

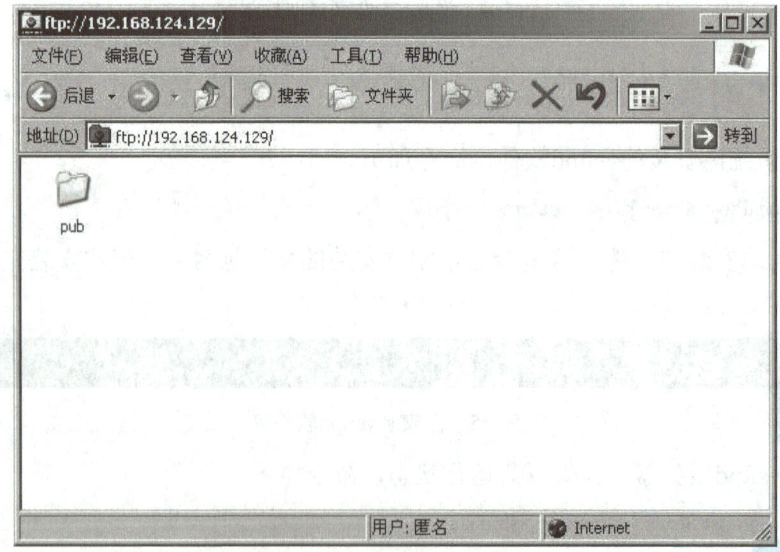

图5-9　网管工作站匿名登录FTP服务器

5.3 任务2——配置本地用户登录FTP服务器

5.3.1 需求分析

【任务情境】

若FTP服务器的内容不希望让匿名用户读取，则可以通过认证的方式，让本地用户通过输入用户名和密码方能读取。搭建一个FTP服务器，不允许匿名用户登录，允许两个本地用户登录，分别为用户reader和用户writer。用户reader仅拥有读权限；用户writer拥有读、写两种权限。

【任务分析】

首先在系统中添加两个用户reader和writer。在主配置文件中，禁用匿名用户的相关配置，通过限制，只允许reader和writer两个用户以特定权限登录FTP服务器。

5.3.2 配置方案

FTP服务器的基本安装操作，因在上一小节中已经介绍，这里就不再重复说明了，只需按任务情境提出的需求，给出相应的配置方案。

配置步骤如下：

1）在Linux系统中添加两个用户reader和writer。

2）将FTP服务器根目录的权限赋值给用户writer，让用户writer拥有控制权。

3）修改主配置文件，增加本地用户登录的相关参数。

4）为用户reader和用户writer分别定制权限，以达到预期的目的。

5）限制系统仅允许用户reader和用户writer登录FTP服务器。

5.3.3 配置过程

具体配置步骤：

1）添加本地用户reader和用户writer。

```
[root@localhost ftp]#useradd writer
[root@localhost ftp]#passwd writer
[root@localhost ftp]#useradd reader
[root@localhost ftp]#passwd reader
```

图5-10为添加系统用户writer的过程。在为writer用户设定密码时，系统提示需要重复输入两次，这样确保输入的准确性。用同样的方法再添加一个系统用户reader。

```
[root@localhost ftp]# useradd writer
[root@localhost ftp]# passwd writer
Changing password for user writer.
New UNIX password:
Retype new UNIX password:
passwd: all authentication tokens updated successfully.
```

图5-10　添加系统用户writer

2）将FTP服务器根目录的控制权赋值给用户writer。

```
[root@localhost ftp]#chown –R writer.writer /var/ftp
```

用chown命令可以改变文件夹的所有者，将FTP服务器根目录的所有者赋值给用户writer。参数R表示递归赋值子目录。命令执行的效果是/var/ftp文件夹及其子文件夹中的所有内容的所有者均赋值为用户writer。

如图5-11所示，/var/ftp目录的所有者已经修改为用户writer。

```
[root@localhost ftp]# ls -al /var/ftp
总计 24
drwxr-xr-x  3 writer writer 4096 10-06 23:52 .
drwxr-xr-x 23 root   root   4096 10-05 18:36 ..
drwxrwxrwx  6 writer writer 4096 10-06 00:00 pub
```

图5-11　修改后的目录属性

3）配置本地用户的相关参数。编辑vsftpd主配置文件。

```
[root@localhost Server]#vi /etc/vsftpd/vsftpd.conf
```

根据任务情境的需求，找到跟本地用户相关的选项，设定参数，以达到预期的效果。本地用户常用参数见表5-2。在配置文件中加入如下代码。

```
local_enable=YES
write_enable=YES
local_umask=022
local_root=/var/ftp
userlist_enable=YES
userlist_deny=NO
chroot_local_user=YES
```

表5-2　本地用户相关参数说明

本地用户相关参数	说　明
local_enable	允许本地用户登录
write_enable	开放本地用户写权限
local_umask	本地用户上传的文档权限，默认情况值为022
local_root	指定FTP服务器根目录
userlist_enable	激活vsftpd检查用户列表
userlist_deny	用户列表拒绝登录
chroot_local_user	锁定本地用户
chroot_list_enable	激活锁定列表
chroot_list_file	锁定列表对应的文件

这里需要说明的是用参数local_root指定FTP服务器的根目录，如果不指定，则默认会登录到该本地用户的home文件夹中。比如使用writer用户，默认会登录到/home/writer文件夹下。local_umask的用法同anon_umask，详见上一节介绍。

userlist_enable与userlist_deny是一组参数，共同控制系统中/etc/vsftpd/user_list这个文件。若想禁止/etc/vsftpd/user_list中所列用户登录FTP服务器，可以做如下设定。

```
userlist_enable=YES
userlist_deny=YES
```

若仅希望/etc/vsftpd/user_list中所列用户登录FTP服务器，如仅允许用户reader和用户writer登录FTP服务器，可做如下设定。

```
userlist_enable=YES
userlist_deny=NO
```

当登录到FTP服务器以后，早期的FTP服务器是没有限制的，可以用命令切换目录，甚至可以访问FTP服务器提供目录以外的目录，这点是非常不安全的。vsftpd提供了一个将用户锁定在根目录的功能，可以通过设定以下3个参数来实现。若不允许所有用户切换到根目录以外的目录，即将所用用户锁定在根目录中，可以配置成：

```
chroot_local_user =YES
```

若仅对部分用户添加限制，不允许其切换目录，则需配置成：

```
chroot_list_enable=YES
chroot_list_file=/etc/vsftpd/vsftpd.chroot_list
```

将部分用户添加到/etc/vsftpd/vsftpd.chroot_list文件中。

若仅允许部分用户，可以切换目录，则可以配置为：

```
chroot_local_user =YES
chroot_list_enable=YES
chroot_list_file=/etc/vsftpd/vsftpd.chroot_list
```

在本任务中，没有特殊的需求，仅需限制本地用户，不允许切换目录即可。

4）编辑user_list文件。在/etc/vsftpd/目录下，新建一个名为user_list文件，将用户名写入文件，每个用户名独占一行。例如如下代码。

```
reader
writer
```

5.3.4 应用测试

1）在服务器作测试，验证仅允许用户reader和用户writer登录。

使用下面命令可以登录到本身的FTP服务器。为了体现测试的一般性，这里首先新建一个用户upload，分别选用用户reader和用户upload作比较。

```
[root@localhost ~]# ftp localhost
```

如图5-12、图5-13所示，使用用户reader成功登录FTP服务器，而用用户upload，系统判断是user_list列表以外的用户，直接拒绝登录。

```
[root@localhost ftp]# ftp localhost
Connected to localhost.localdomain.
220 (vsFTPd 2.0.5)
530 Please login with USER and PASS.
530 Please login with USER and PASS.
KERBEROS_V4 rejected as an authentication type
Name (localhost:root): reader
331 Please specify the password.
Password:
230 Login successful.
Remote system type is UNIX.
Using binary mode to transfer files.
ftp>
```

图5-12　用户reader成功登录FTP服务器

```
[root@localhost ftp]# ftp localhost
Connected to localhost.localdomain.
220 (vsFTPd 2.0.5)
530 Please login with USER and PASS.
530 Please login with USER and PASS.
KERBEROS_V4 rejected as an authentication type
Name (localhost:root): upload
530 Permission denied.
Login failed.
ftp>
```

图5-13 用户upload不允许登录FTP服务器

2）验证用户reader和用户writer权限分配情况。分别使用用户reader和用户writer登录FTP服务器，并且尝试新建一个目录，如图5-14、图5-15所示。用户reader没有写权限，建立目录失败，用户writer有写权限，建立目录成功。

```
[root@localhost ~]# ftp localhost
Connected to localhost.localdomain.
220 (vsFTPd 2.0.5)
530 Please login with USER and PASS.
530 Please login with USER and PASS.
KERBEROS_V4 rejected as an authentication type
Name (localhost:root): reader
331 Please specify the password.
Password:
230 Login successful.
Remote system type is UNIX.
Using binary mode to transfer files.
ftp> mkdir 123
550 Create directory operation failed.
```

图5-14 用户reader不允许建立目录

```
[root@localhost ~]# ftp localhost
Connected to localhost.localdomain.
220 (vsFTPd 2.0.5)
530 Please login with USER and PASS.
530 Please login with USER and PASS.
KERBEROS_V4 rejected as an authentication type
Name (localhost:root): writer
331 Please specify the password.
Password:
230 Login successful.
Remote system type is UNIX.
Using binary mode to transfer files.
ftp> mkdir 123
257 "/var/ftp/123" created
```

图5-15 用户writerer成功建立目录

5.4 任务3——配置虚拟用户登录FTP服务器

5.4.1 需求分析

【任务情境】

由于FTP协议在传输过程中采用明文传输，即传输用户名和密码不进行任何加密，所以用户名及密码很容易被嗅探。在上一小节介绍本地用户登录FTP服务器，如果用户名密码被嗅探到，这将是服务器的一个很大的系统安全隐患。所以希望使用虚拟用户登录FTP服务器，即使用户名密码被嗅探到，也只能登录FTP服务器，对系统安全不构成威胁。

选用db4库存储用户名及密码，在db4库中分别建立两个用户vreader和vwriter，分别代表虚拟只读用户和虚拟可写用户。

【任务分析】

首先查看系统是否已经安装db4数据库，创建一个存放用户名密码的文档，使用命令生成数据库文件，配置FTP服务器，禁用本地用户登录，仅允许通过数据库中的虚拟用户进行登录，验证用户权限分配情况。

5.4.2 配置方案

1）查看系统是否已安装db4数据库。

2）创建一个存放用户名密码的文档。

3）生成数据库文件。

4）建立认证文档、虚拟用户

5）配置FTP服务器，通过数据库中的虚拟用户进行登录。

5.4.3 配置过程

1）查看系统是否已安装db4数据库。

```
[root@localhost ftp]# rpm –qa |grep db4
```

用上述命令可以查看系统中已安装了db4相关的软件，结果如图5-16所示。

```
[root@localhost ftp]# rpm -qa |grep db4
db4-devel-4.3.29-9.fc6
db4-4.3.29-9.fc6
```

图5-16 列出系统已安装db4相关软件包

```
[root@localhost ftp]# rpm –qf $(which db_load)
```

因为在建立数据库时要使用db_load命令，通过上面的命令可以查看db_load命令所属的软件包，如图5-17所示。db_load命令在db4-utils软件包中，接下来要安装这个软件包，安装过程如图5-18所示。

```
[root@localhost ~]# rpm -qf $(which db_load)
db4-utils-4.3.29-9.fc6
```

图5-17 查看db_load命令所属软件包

```
[root@localhost Server]# rpm -ivh db4-utils-4.3.29-9.fc6.i386.rpm
warning: db4-utils-4.3.29-9.fc6.i386.rpm: Header V3 DSA signature: NOKEY, key ID 37017186
Preparing...                ########################################### [100%]
   1:db4-utils              ########################################### [100%]
```

图5-18 安装db4-utils软件包

2）创建一个存放虚拟用户名密码的文档。

```
[root@localhost ~]# vi /home/login.txt
```

通过上述命令可以创建一个存放虚拟用户名及密码的文档，文档中单行为用户名，双行为上一行用户名的密码。例如：

```
vreader        //用户名
vreader        //用户vreader密码
vwriter        //用户名
vwriter        //用户vwriter密码
```

3）生成数据库文件。

[root@localhost ~]# db_load –T –t hash –f /home/login.txt /etc/vsftpd/vsftpd_login.db

通过执行上述命令可以生成一个数据库vsftpd_login.db，为了保证数据库的安全性，需要修改数据库的属性为“600”，即root用户可以读写，同组用户及组外用户无权对数据库进行操作。

```
[root@localhost ~]# chmod 600 /etc/vsftpd/vsftpd_login.db
```

4）建立认证文档、虚拟用户。

```
[root@localhost ~]# vi /etc/pam.d/ftp
```

在/etc/pam.d目录下创建认证文件ftp，并按照下面填写内容。

```
auth required /lib/security/pam_userdb.so db=/etc/vsftpd/vsftpd_login
account required /lib/security/pam_userdb.so db=/etc/vsftpd/vsftpd_login
```

在系统中创建一个用户vftp，并且不允许该用户登录服务器，在后续主配置文件中会指定虚拟用户映射到该用户。这样用户vftp虽然是系统中的一个本地用户，但不能登录系统，对于系统来说，这个用户相当于不存在的。

```
[root@localhost ~]# useradd -d /home/vftp -s /sbin/nologin vftp
```

在上面的命令中，用参数d指定新建用户的主目录，用参数s指定新建用户的shell，这里设定为nologin，即不允许登录系统。

```
[root@localhost ~]# chown –R vftp.vftp /var/ftp
```

将FTP服务器根目录的权限赋给用户vftp。

5）配置主配置文件，使得虚拟用户可以登录FTP服务器。

```
anonymous_enable=NO
local_enable=YES
write_enable=NO
chroot_local_user=YES
guest_enable=YES
guest_username=vftp
virtual_use_local_privs=YES
local_root=/var/ftp
pam_service_name=ftp
user_config_dir=/etc/vsftpd/user_config_dir
```

对主配置文件做上述基本配置，其中采用虚拟用户需要配置允许来宾访问，并将来宾用户的名字配置为步骤4中新建的用户vftp，为虚拟用户赋予等同于本地用户的权限，指定在步骤4建立的pam认证文件/etc/pam.d/ftp。表5-3给出了虚拟用户相关的参数说明。

表5-3　虚拟用户相关参数说明

选　项	说　明	选　项	说　明
guest_enable	允许来宾用户访问	pam_service_name	指定pam配置文件
guest_username	指定来宾用户的名字	user_config_dir	用户个性化配置目录
vIrtual_use_local_privs	使虚拟用户具有本地用户的权利		

根据上述配置，虚拟用户已经可以登录FTP服务器，但是所有的用户权限都是一样的，为了区分不同用户权限，在主配置文件中指定了用户个性化配置目录。用户可以在这个目录下增加用户个性化配置文件，例如，想让vwriter具有写权限，可以在/etc/vsftpd/user_config_dir目录下新建一个以用户vwriter名字命名的文件vwriter。

```
[root@localhost ~]# vi /etc/vsftpd/user_config_dir/vwriter
```

在该文件中添加如下命令。

```
write_enable=YES
```

这样vwriter文件中配置的可写权限就覆盖了主配置文件的write_enable参数，使得vwriter用户具备了写入的权限。同样也可以为vreader用户建立该用户的个性化配置文件，定义以vreader名字命名的文件，在里面添加想要设定的权限即可。至此就完成了整个任务3的配置。

5.4.4　应用测试

1）使用上一小节建立的本地用户reader登录FTP服务器。

```
[root@localhost ~]# ftp localhost
```

如图5-19所示，FTP服务器拒绝本地用户登录，从一定程度上提高了系统的安全性。

```
[root@localhost ftp]# ftp localhost
Connected to localhost.localdomain.
220 (vsFTPd 2.0.5)
530 Please login with USER and PASS.
530 Please login with USER and PASS.
KERBEROS_V4 rejected as an authentication type
Name (localhost:root): reader
331 Please specify the password.
Password:
530 Login incorrect.
Login failed.
```

图5-19　使用本地用户reader登录

2）使用虚拟用户vreader登录FTP服务器

如图5-20所示，使用虚拟用户vreader成功登录FTP服务器，但是在创建目录时失败，表明虚拟用户vreader不具备写入权限，这也是符合任务情境中的需求。

```
[root@localhost home]# ftp localhost
Connected to localhost.localdomain.
220 (vsFTPd 2.0.5)
530 Please login with USER and PASS.
530 Please login with USER and PASS.
KERBEROS_V4 rejected as an authentication type
Name (localhost:root): vreader
331 Please specify the password.
Password:
230 Login successful.
Remote system type is UNIX.
Using binary mode to transfer files.
ftp> mkdir 12345
550 Permission denied.
```

图5-20　使用虚拟用户vreader登录

3）使用虚拟用户vwriter登录FTP服务器。

如图5-21所示，使用虚拟用户vwriter登录FTP服务器，并且成功创建目录“1234”，表明虚拟用户vwriter具有写入权限。

```
[root@localhost home]# ftp localhost
Connected to localhost.localdomain.
220 (vsFTPd 2.0.5)
530 Please login with USER and PASS.
530 Please login with USER and PASS.
KERBEROS_V4 rejected as an authentication type
Name (localhost:root): vwriter
331 Please specify the password.
Password:
230 Login successful.
Remote system type is UNIX.
Using binary mode to transfer files.
ftp> mkdir 1234
257 "/1234" created
```

图5-21　使用虚拟用户vwriter登录

5.5　拓展实验

在任务3中选用了db4数据库存放虚拟用户的用户名及密码，也可以采用mysql数据库来存放用户名及密码。在sourceforge上有一个关于pam-mysql的开源项目可以实现mysql数据库形式的虚拟用户。尝试完成mysql数据库形式的虚拟用户。

本章小结

本章详细介绍了在Linux系统平台上，通过vsftpd软件搭建不同类型的FTP服务器。匿名用户、本地用户和虚拟用户，3种类型的FTP服务器都跟系统的权限有一定的关系，要熟练配置FTP服务器，首先要掌握对系统权限赋值，还要理解配置文件各项参数的作用，这样才能搭建出满足需求的FTP服务器。

第6章

项目5——配置iptables实现NAT和防火墙

职业能力目标：

- 设置iptables架设NAT服务器，实现内部网用户访问Internet
- 设置iptables控制网络访问，实现防火墙功能

6.1 NAT和防火墙预备知识

1．NAT

在访问Internet时，为了避免冲突，网络中的每个主机节点必须使用全球唯一的IP地址，Internet被称为公共网络（简称公网），在Internet上使用的IP地址称为公网IP地址。为了避免公网IP不够分配，国际互联网组织保留了部分IP地址，用于不连接到Internet的内部网络（或叫私有网络），这些IP地址称为私有IP地址。因每个私有网络是独立的，不同的私有网络可以重复使用这些私有IP。保留的私有IP地址范围为：

10.0.0.0～10.255.255.255

172.16.0.0～172.31.255.255

192.168.0.0～192.168.255.255

当这些私有网络的主机需要访问Internet时，必须将主机使用的私有IP转换为公网IP，这种技术称为NAT（Network Address Translator，网络地址转换）技术。NAT技术不仅可以一对一转换，还可以将多个私有IP转换为一个公网IP。NAT技术能够通过在一个公网IP后附加端口号，实现与多个私有IP的一一对应，不仅能帮助内部网主机实现访问Internet，还可以大量节约公网IP的数量。

2．防火墙

防火墙是指放置于安全网络和非安全网络之间的网络设备。私有网络通常被看作安全的网络，而Internet被认为是非安全的网络，防火墙通常被放置在这两种网络之间，通过设定的访问规则过滤数据包，可有效地提高内部网络的安全性，同时又可以确保内外网络之间的数据畅通。防火墙的基本连接如图6-1所示。

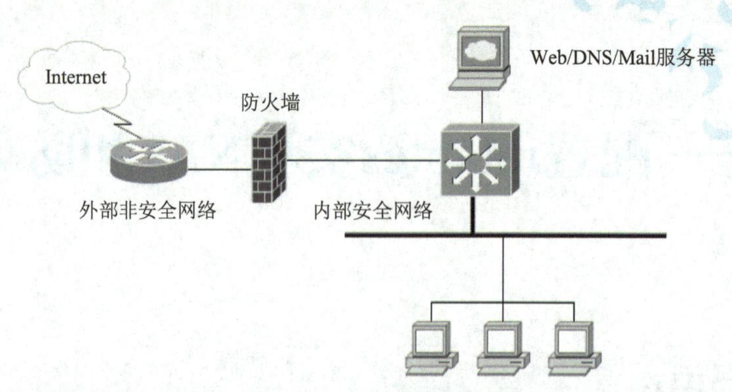

图6-1　防火墙的基本连接

防火墙由硬件主机和访问控制软件两部分组成。硬件主机至少包含两个网络端口，用于连接内部网和外部网。访问控制软件系统能通过对外部网数据包的检查和过滤，来防范外部网对内部网的攻击，同时，也可以设置内部网访问外部网的一些限制规则。

商用防火墙通常非常昂贵，需要几万或十几万元。在个人PC中使用的免费或廉价的软件防火墙，只具有基本的防护功能，如Windows防火墙、金山网镖等，只能用于对单个PC的基本防护。而安装在Linux系统的iptables，不仅免费，而且具有强大的防火墙功能，通过设置，再配合Linux服务器一起，可以具备商用防火墙的能力。因为架设一台Linux服务器的成本远远低于购买商用防火墙的成本，因此iptables防火墙被广泛应用于企业网络中。

3. iptables防火墙软件

Iptables是集成在Linux系统中用于实现网络控制的防火墙软件，它的前身是ipchains。iptables由netfilter和iptables两部分组成，通常统称为iptables。Netfilter是集成在Linux内核的网络过滤表，被称为内核组件，它包含了处理数据包的绝大部分规则，为用户或开发人员提供包过滤的底层结构。Iptables实际上是一个功能强大的工具组件，可帮助用户设置访问控制的规则，以便使内核组件netfilter知道该如何处理通过的数据包。

Iptables由规则（rules）、链（chains）和表（tables）构成。规则是指管理员预先设定的访问控制条件，可根据数据包的源地址、目的地址或传输协议等决定接收、拒绝或丢弃，这些规则保存在过滤表里，配置iptables防火墙，就是设置这些规则的使用。链是指数据包路经iptables系统所过的检查站，iptables系统中设定了多个链，每个链可包含一条或多条访问控制规则，系统通过逐条检查规则的匹配来判定如何处理数据包。表用于特定访问控制功能，可以包含特定的链。Iptables内置了3种表：包过滤filter表、网络地址转换NAT表和数据包重建mangle表。其中NAT表包含了PREROUTING链（进站前检查），OUTPUT链（内部处理后的输出检查）和POSTROUTING（出站前检查）。Iptables能够根据设定的数据包过滤规则，将符合条件的数据包转发或进一步处理，将不符合条件的数据包丢弃，实现对网络数据传输的访问控制，提高网络的安全性。同时，iptables所具备的NAT功能，可实现内部网络主机访问Internet。

需要注意的是，使用Linux服务器的iptables实现的防火墙，是企业节约成本的一种很好方法，但对于安全性要求较高的网络，如金融行业的网络系统等，建议使用性能稳定、技术先进的专用商用防火墙。

6.2 任务1——配置iptables，实现通过NAT访问Internet

6.2.1 需求分析

【任务情境】

某企业已经组建了内部局域网，有网络用户150人。企业内部网络使用私有IP地址段为192.168.1.1~192.168.1.255，子网掩码为255.255.255.0。企业需要访问Internet，向ISP（Internet服务提供商）申请了一条10M的以太网线路，ISP给企业分配了1个固定的公网IP地址210.30.110.129，子网掩码为255.255.255.0。现在需要实现企业内部的所有用户通过这条线路来访问Internet，同时需要具有较好的管理特性，将来可以通过设置实现既可保护企业的内部网，又能限制企业用户对一些与工作无关的网站访问。

【任务分析】

本任务的基本要求是实现内部网络用户通过一条线路共享上网。实现通过一条线路共享上网的方法有很多种，如宽带路由器、Windows系统的Internet共享、Linux系统的iptables、代理服务器等。其中，使用Windows系统的Internet共享的配置方法非常简便，而且不必购买额外的设备，适用于家庭用户或者小型办公环境，通常用于通过一条ADSL线路上网的共享连接；宽带路由器是专门为Internet共享而开发的功能简单的路由器，价格也很便宜（300元左右），可以实现NAT、DHCP等功能，可通过局域网连接或ADSL连接共享访问Internet，适合于家庭用户、小型办公环境、小型企业等。如果通过Linux系统的iptables方法，需要单独购买并安装一台Linux服务器，相对于前两种方法，软件的设置也比较复杂，但是能够实现更多的管理功能，如访问控制、访问日志记录和审核等，而且性能较高，可以提供更多的用户访问Internet，适用于中小型企业、学校等。代理服务器是通过代理服务实现共享访问Internet的专用软件，代理服务器能够利用高速缓存提高访问速度，并具有较好的可管理性，如WINGate、Squid等，代理服务器的设置也比较复杂，需要配置一台性能较高的服务器，适用于中小型的企业、学校、政府机关等，也可用于大型企业和学校。

在本任务中，企业要求有较好的可管理性，并且将来需要实现一定的防火墙功能，因此，比较适合选择使用Linux系统的iptables。Linux系统性能稳定，同时又能为企业提供必要的网络管理需要，可以通过设置iptables防火墙功能实现访问控制。代理服务器也是一个不错的选择，但是购买功能强大的代理服务器软件还需要增加企业的成本。目前企业用户较少，而Linux系统的iptables又是免费的，以后如果需要，还可以在Linux系统上再配置免费的Squid代理服务器软件（下一章介绍）。

6.2.2 配置方案

在Linux服务器上安装、启动和配置iptables，实现NAT。

6.2.3 配置过程

1. 安装网卡，并将服务器连接到网络

在一台服务器上安装两块以太网卡，并按照如图6-2所示连接到网络，服务器的网卡eth1连接内部网，网卡eth0连接外部网。

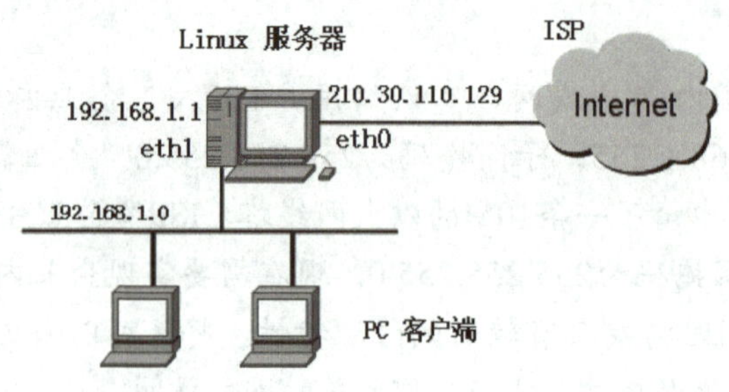

图6-2 企业NAT网络连接拓扑图

安装网卡后，在服务器上安装Linux系统（RHEL5），也可以先安装Linux系统，再添加网卡。多数常见的网卡会被系统自动识别，如果不能被系统自动识别，则需要准备Linux系统下的网卡驱动程序。网卡驱动程序可向网卡生产厂商索取，或到Internet上查找下载。最好在安装网卡之前确认网卡是否能被系统识别，如果不清楚该网卡是否能被Linux系统识别，可以到网站http://hardware.redhat.com上查询。

2. 设置网卡的IP地址

连接外部网的网卡eth0的IP地址设置设为210.30.110.129，连接内部网的网卡eth1的IP地址设置为192.168.1.1。内部网的其他主机使用IP地址范围192.168.1.2~192.168.1.254，网关使用192.168.1.1，DNS地址可向ISP询问。本例中的DNS地址使用202.96.64.68。IP地址的分配规划，见表6-1。

表6-1 IP地址分配规划

网 卡	IP	子网掩码
eth0	210.30.110.129	255.255.255.0
eth1	192.168.1.1	255.255.255.0
DNS	202.96.64.68	—
辅DNS	202.96.69.38	—

在Linux系统上设置网卡的IP地址有多种方法，可以使用图形模式，也可以使用命令模式，还可以通过修改网络配置文件夹/etc/sysconfig/network-scripts/下的文件ifcfg-eth0和ifcfg-eth1，完成网卡的IP地址设置。这里，通过命令模式设置。

1）分别设置两块网卡的IP地址。使用root用户权限，输入下面命令：

```
[root@localhost ~]# ifconfig eth0 210.30.110.129 netmask 255.255.255.0
[root@localhost ~]# ifconfig eth1 192.168.1.1 netmask 255.255.255.0
```

2）设置系统的DNS的IP地址。访问Internet时需要解析域名，必须指定DNS服务器的IP地址。本例使用的DNS服务器的IP地址为202.96.64.68和202.96.69.38。设置方法是修改配置文件/etc/resolv.conf，内容如下：

```
nameserver 202.96.64.68
nameserver 202.96.69.38
```

3）重新启动网卡。重新设置IP地址后，需要重新启动网卡，使新的IP地址生效，输入下面命令：

```
[root@localhost ~]# ifconfig eth0 up
[root@localhost ~]# ifconfig eth1 up
```

也可以使用命令ifup重新启动网卡，例如：

```
[root@localhost ~]# ifup eth0
[root@localhost ~]# ifup eth1
```

3. 实现iptables的NAT功能

实现NAT之前必须安装iptables，然后启用路由功能（ip forwarding），使服务器能够为内部主机转发数据包。为了易于实现，可暂时关闭防火墙，忽略安全性问题，当实现了NAT功能之后，再仔细设置iptables的防火墙功能。

1）Iptables是Linux系统的内置组件，在安装Linux系统时会默认安装，也可以通过iptables的官方网站http://www.netfilter.org下载最新版本，重新安装使用。可用下面方法检查安装的iptables版本。

```
[root@localhost ~]# rpm –q iptables
```

结果如图6-3所示，看到已经安装的iptables版本号为iptables-1.3.5-1.2.1。

```
[root@localhost ~]# rpm –q iptables
iptables-1.3.5-1.2.1
```

图6-3　查看已经安装的iptables版本

2）启用路由转发ip forwarding功能。使用vi编辑器修改文件/etc/sysctl.conf，将文件中的：

```
net.ipv4.ip_forward=
```

修改为

```
net.ipv4.ip_forward=1
```

或者使用如下命令：

```
[root@localhost ~]# echo "1"> /proc/sys/net/ipv4/ip_forward
```

3）重新加载配置设置的xinetd服务，以便使新的设置生效。使用命令：

```
[root@localhost ~]# /etc/rc.d/init.d/xinetd reload
```

结果如图6-4所示。

```
[root@localhost ~]# /etc/rc.d/init.d/xinetd reload
重新加载配置设置：        [确定]
```

图6-4　重新加载xinetd服务

4）运行iptables的NAT功能，配置命令如下：

```
[root@localhost ~]# iptables -t nat -A POSTROUTING -s 192.168.1.0/24 -o eth0 -j SNAT --to 210.30.110.129
```

iptables命令的配置十分复杂，NAT配置命令的各项配置参数说明如下：

-t nat：定义使用nat表，-t参数定义使用哪个表处理数据包。

-A POSTROUTING：表示在NAT表的POSTROUTING链的规则最后增加一条新规则，-A命令表示增加规则，也可使用命令—append。

-s 192.168.1.0/24：-s指定将匹配数据包的源IP地址，如果源IP地址的网络部分为192.168.1.0/24的数据包，都将符合匹配条件。

-o eth0：指明数据包的输出（out）端口为网卡eth0，即外部网端口。

-j SNAT --to 210.30.110.129：-j表示后面将执行动作，SNAT表示转换源IP地址，--to 210.30.110.129，指明转换源地址为210.30.110.129。

NAT表有三条默认的“链”(chains)，这3条链也是规则的容器，它们分别是：

PREROUTING：检查进站前数据包的链，可以在这里定义进行目的IP地址的NAT规则，因为路由器进行路由时需要检查数据包的目的IP地址，为了使数据包能正确路由，必须在进行路由之前进行数据包的目的IP地址NAT转换。

POSTROUTING：检查出站前数据包的链，可以在这里定义进行源IP地址的NAT的规则，系统在决定了数据包的路由以后再执行该链中的规则。

OUTPUT：可定义对本地产生的数据包目的IP地址的NAT规则。

另外，NAT还有一种特殊情况，称为IP伪装（Masquerading），用于拨号上网的NAT转换，即在外部公网IP地址不固定的情况下使用，这时不必要指定源IP地址和将转换的目的公网IP地址。

例如，通过ADSL连接Internet，由于使用PPPoE（在以太网上的点对点通信）拨号访问，输出端口为ppp0，同时，公网IP地址不固定，用户端使用自动获取方式，由ISP的DHCP服务器随机分配一个公网IP。这样，在POSTROUTING链中添加一条NAT规则的配置如下：

```
[root@localhost ~]# iptables -t nat -A POSTROUTING -o ppp0 -j MASQUERADE
```

其中，MASQUERADE表示IP伪装，即将源地址伪装为ISP提供的一个不固定的公网IP地址，实现NAT转换，以便实现内部网用户共享ADSL线路上网的目的。

4. 实现启动系统时自动配置NAT功能

为了能让Linux服务器在重新启动时自动执行NAT功能，将前几个步骤中的关键配置命令添加到文件/etc/rc.d/rc.local的末尾。可使用vi编辑器添加，添加如下内容：

```
echo "1" > /proc/sys/net/ipv4/ip_forward
iptables -t nat -A POSTROUTING -s 192.168.1.0/24 -o eth0 -j SNAT --to 210.30.110.129
```

6.2.4 应用测试

1. 服务器端验证

使用下面命令查看NAT转换列表（显示结果略）：

```
[root@localhost ~]# iptables –t nat –L POSTROUTING
```

其中，–L POSTROUTING表示查看POSTROUTING链的规则列表。

2. 客户端配置和验证

在内部网用户的主机上设置IP地址，IP地址范围192.168.1.2~192.168.1.254。例如，其中一台Windows XP主机的IP设置为192.168.1.6，子网掩码为255.255.255.0，网关为192.168.1.1。DNS地址可从本地的ISP那获得，本例使用大连电信的DNS服务器，地址为202.96.64.68和202.96.64.38。在Windows XP系统中IP设置如图6-5所示。

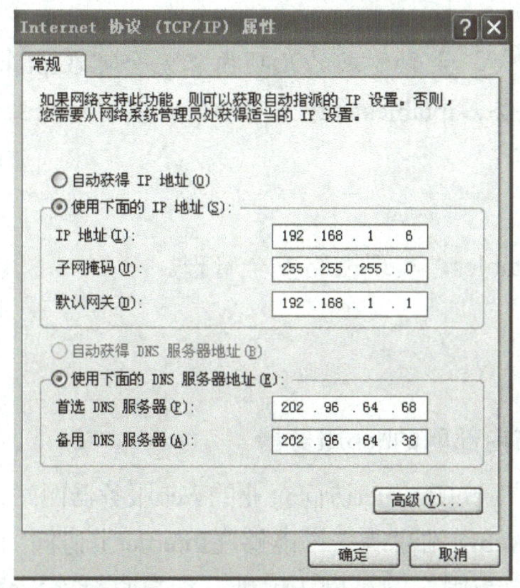

图6-5 NAT客户端IP设置

接下来，客户端就可以尝试是否能通过NAT服务器访问Internet。

如果不能访问Internet，检查客户端和服务器端的网络连接是否有问题，分别检查客户端和服务器端的IP地址设置是否正确，Linux服务器自身是否可以访问Internet，服务器的NAT配置是否正确，配置NAT后是否重新启动了xinetd服务等，或者在服务器上再次执行命令，查看NAT转换列表，通过NAT转换情况分析问题原因。

6.3 任务2——配置iptables，实现防火墙功能

6.3.1 需求分析

【任务情境】

某企业配置了Linux服务器iptables的NAT功能，已经实现了内部网用户通过一条租

用线路共享访问Internet。一天，企业网络中心主管给管理员提出如下要求。

1）企业有一台Web服务器，为提高安全性将其放置于内部网，IP地址为192.168.1.100，可供内部用户访问。现在需要能够让外部网络的用户通过Internet访问这台Web服务器。

2）为了避免来自Internet的ping攻击，需要禁止外网的ping，但允许内部网络使用ping测试网络连通性。

3）禁止某部门的3台计算机上网，IP地址范围为192.168.1.61~192.168.1.63。

4）限制对一些不健康网站的访问。

5）封闭一些病毒常用的端口。

主管还叮嘱管理员，企业不想另外花钱购买防火墙，要求利用现有条件实现这些网络安全需求。

【任务分析】

Iptables的功能十分强大，主管要求的几项内容完全可在iptables中实现。本任务实际上是要求管理员利用Linux服务器iptables的防火墙功能，实现对企业网络的安全管理。

6.3.2 配置方案

在Linux服务器配置iptables，实现网络安全管理。

6.3.3 配置过程

1. 在Internet上发布内部网的Web服务器

如果想让外部网络用户通过Internet访问企业的Web服务器网站，首先必须提供一个固定的公网IP地址，还要为企业Web网站注册一个能够在Internet上访问的域名（如www.mycompany.com），并将这个域名绑定为固定的公网IP地址。如果直接将Web服务器放置于外部网，即可被Internet用户访问，但是这样做不安全。要想让内部Web服务器被外部网访问，需要建立内部网Web服务器的私有IP地址（192.168.1.100）与注册域名的固定公网IP地址之间的映射。这样，Internet用户就能通过域名访问到内部网的Web网站。因为原来只有一个固定的IP地址，用于NAT转换上网。于是管理员联系到ISP，又申请了1个公网IP地址，这个IP地址为210.30.110.130，子网掩码为255.255.255.0。然后，在Internet上注册了企业的Web网站域名。

接下来就可以通过配置iptables的NAT功能，建立外部网IP地址210.30.110.130与内部网IP地址192.168.1.100之间的映射。具体配置步骤如下。

1）将Web服务器的公网IP地址绑定到Linux防火墙的外网接口。即在连接外部网的网卡eth0上再添加一个IP地址，以root权限执行以下命令：

```
[root@localhost ~]# ifconfig eth0 add 210.30.110.130 netmask 255.255.255.0
```

2）进行目的IP地址的NAT，即执行DNAT动作。当Internet用户访问企业网站，如http://www.mycompany.com（IP地址210.30.110.130），即访问主机210.30.110.130的80端口（80端口是访问Web网站使用的默认端口）时，只要将该数据包直接发送到内部IP地址192.168.1.100：80，即可访问企业内部Web服务器网站。因为只需要访问Web网站，在IP映射中只需要打开Web服务端口80。

将服务器eth0接口接收到的目的IP地址为210.30.110.130的所有数据包进行目的NAT(DNAT)，转换为192.168.1.100，这样，该数据包就被转发到目的IP地址为192.168.1.100的内部网Web服务器。命令配置如下：

```
[root@localhost ~]# iptables -t nat -I PREROUTING -i eth0 -d 210.30.110.130 -p tcp --dport 80 -j DNAT
--to-destination 192.168.1.100:80
```

其中，iptables命令的各项配置参数说明如下：

-t nat：指使用NAT表。

-I PREROUTING：指在PREROUTING链中插入(insert)一条新规则，通常是插入在最前面。

-i eth0：指输入到端口eth0。

-d 210.30.110.130：表示将转换目的地址为210.30.110.130的数据包。

-p tcp：指使用访问协议TCP。

--dport 80：指访问目的端口号80（即访问Web服务）。

-j DNAT：指将对数据包的目的地址执行NAT转换。

--to-destination 192.168.1.100:80：指转换为目的IP地址为192.168.1.100，端口号为80。

3）进行源IP地址的NAT，即执行SNAT动作。当内部网的Web服务器收到来自Interent的访问请求后，需要传送网站页面给Internet用户，为了不让外部网用户获知内部服务器的真实地址，可将服务器eth0接口接收到的源IP地址为192.168.1.100（内部Web服务器）的所有数据包，进行源IP地址NAT，转换（伪装）成源地址为210.30.110.130的数据包，命令配置如下：

```
[root@localhost ~]# iptables -t nat -I PREROUTING -i eth0 -s 192.168.1.100 -p tcp --dport 80 -j SNAT --to-
destination 210.30.110.130:80
```

这样，所有目的IP为210.30.110.130的数据包都将被转发给192.168.1.100，而所有来自192.168.1.100的数据包都将被伪装成来自地址210.30.110.130的数据包，从外部网转发回去。对于外部网用户，会觉得是正常访问Internet上的Web网站（210.30.110.130），而不会知道被访问的服务器的真实位置。

2. 禁止外部网的ping

命令ping是测试网络连通性最常用的命令，同时也是网络攻击者利用的工具。大量的ping操作会消耗目的主机的CPU资源，可导致目的主机因无法正常提供服务而瘫痪，这就是常说的“拒绝服务攻击”的一种。

Ping是通过向目的主机发送TCP/IP协议中的ICMP（Internet Control Message Protocol，网际控制信息协议）数据包，根据目的主机应答的情况判断网络的连通性。禁止ping，就是禁止使用ICMP协议。具体的命令配置如下：

```
[root@localhost ~]# iptables -I INPUT -i eth0 -p icmp -j DROP
```

其中，iptables命令的部分配置参数解释如下：

-I INPUT：插入INPUT链一条新规则，INPUT链是指内部处理的入站检查，这个链被设置在PREROUTING链（入站前检查）之后。

-p icmp：指检查使用协议ICMP的数据包。

-j DROP：执行动作丢弃，即丢掉进入端口eth0的ICMP数据包。

这样，来自外部网络（eth0）的ping数据包被拒绝。对于内部网（端口eth1）的用户，使用ping命令访问外部网时，数据包也会经过eth0端口，由于内部网用户使用NAT访问Internet时，经过PREROUTING链、FORWARD链和POSTROUTING链，而不会被送到INPUT链或OUTPUT链中，不会受到INPUT链规则的限制，因此，可以正常使用ping命令。

3．禁止某些内部主机访问Internet

FORWARD链用于控制数据包的转发，通过在FORWARD链添加规则，限制某些源地址的数据包通过iptables防火墙，即可限制这些主机访问Internet。本任务需要限制主机192.168.1.61、192.168.1.62、192.168.1.63，配置命令如下：

```
[root@localhost ~]# iptables -I FORWARD -s 192.168.1.61 -j DROP
[root@localhost ~]# iptables -I FORWARD -s 192.168.1.62 -j DROP
[root@localhost ~]# iptables -I FORWARD -s 192.168.1.63 -j DROP
```

4．限制对某些不健康网站的访问

不健康的网站主要是指有违背国家法律法规内容的网站，例如一些色情网站，对这些网站限制，可以通过设置iptables禁止访问该网站的域名或IP地址方式实现。但是，要限制所有的这些网站是相当困难的，因为这些网站可以变换域名或IP地址，或者不断出现新的未被发现的不健康网站。对于管理员来说，只能做到对一些已知网站的访问限制。

使用域名方式限制时，iptables需要查询DNS服务器，并将该域名对应的IP地址加入到限制规则表中，这样会比较费时间，通常选择直接限制该网站IP地址的方式。这里介绍限制的方法，具体限制哪些网站由管理员按照介绍的方法自行添加。

限制对域名为www.playboy.com网站的访问，配置方法如下：

```
[root@localhost ~]# iptables -I FORWARD -d www.playboy.com -j DROP
```

限制对IP地址为202.17.61.4网站的访问，配置方法如下：

```
[root@localhost ~]# iptables -I FORWARD -d 202.17.61.4 -j DROP
```

5．封闭一些病毒常用的端口

网络传输层的TCP或UDP协议与上层的应用层通信时使用端口号，端口号写在被传输的数据段里，包括源端口和目的端口。端口号用范围在1～65535里的一个数字表示，具体的应用有详细的规定：小于1024的端口被称为标准端口，在RFC文档1340里被标准化定义，用于发送端访问接收端的应用层协议，写在发送数据段的目的端口位置，例如，访问Web网站http协议的标准端口80，访问ftp协议的标准端口21等；大于或等于1024的端口号为非标准端口，没有定义用处，可用于用户数据段的源端口（由主机随机分配空闲的端口），也可指定用于某些应用程序的目的端口，例如QQ聊天工具通过UDP协议传输文件时使用目的端口4000。

计算机病毒在传播时会使用某些大于1024的端口，例如，蠕虫病毒“震荡波”

（Worm.Sasser）可以利用TCP协议的5554端口开启一个FTP服务，用于病毒的传播。感染了“震荡波”病毒的PC，会通过5554端口向其他计算机传送蠕虫病毒，并尝试连接TCP 445端口。如果关闭病毒使用的端口，就可以限制病毒的传播。但是，管理员仅能够关闭已知病毒使用的端口，不能关闭所有的端口，否则网络也就无法传递数据了。

这里介绍关闭某个端口的方法，具体关闭哪些端口，还需要管理员多查阅有关常见病毒的介绍，掌握常见病毒使用的端口范围，以便实施控制。关闭网络192.168.1.0中所有主机使用TCP协议访问的目的端口5554和445，配置方法如下：

```
[root@localhost ~]# iptables -I FORWARD -s 192.168.1.0/24 -p tcp --dport 5554 -j DROP
[root@localhost ~]# iptables -I FORWARD -s 192.168.1.0/24 -p tcp --dport 445 -j DROP
```

限制目的端口的访问，不仅可以用于限制某些病毒的传播，还可以用于限制用户对某些应用服务程序的访问。例如，BT下载虽然是一种快速下载的好方法，但是会占用很多带宽，会严重影响上网速度，管理员可通过限制BT使用的端口来限制用户使用BT下载。

6.3.4 应用测试

1. 验证内部Web服务器与公网IP的映射

可查看iptables的NAT地址转换表，使用命令：

```
[root@localhost ~]# iptables –t nat –L PREROUTING
```

结果如图6-6所示，可以看出，PREROUTING链已经实施目的NAT（DNAT），将目的（destination）IP地址为210.30.110.130的数据包转换为目的IP地址192.168.1.100。

```
Chain PREROUTING (policy,ACCEPT)
Target    prot   opt   source          destination
DNAT      tcp    --    anywhere        210.30.110.130     tcp dpt:http to:
192.168.1.100:80
```

图6-6　查看iptables的NAT地址转换表

2. 服务器端iptables防火墙配置的验证

使用下面命令查看iptables防火墙配置的filter过滤表的FORWARD链表（显示结果略）：

```
[root@localhost ~]# iptables -t filter -L FORWARD
```

使用下面命令查看iptables防火墙配置的filter过滤表的INPUT链表（显示结果略）：

```
[root@localhost ~]# iptables -t filter -L INPUT
```

6.4 拓展实验

某企业已经组建了内部局域网，有网络用户100人。企业内部网络使用私有IP地址段为192.168.1.1~192.168.1.255，子网掩码为255.255.255.0。企业需要访问Internet，并向ISP

申请了一条2M的ADSL线路，ADSL连接只能设置自动获得公网IP。请通过配置Linux系统的iptables的NAT，实现所有的企业内部主机都能通过这条ADSL线路访问Internet。网络连接示意图如图6-7所示。

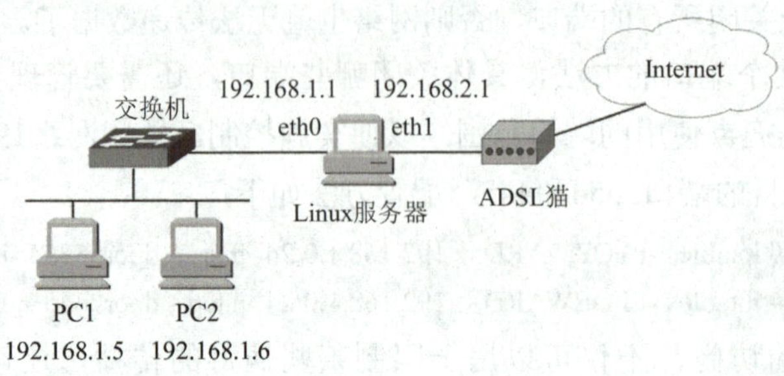

图6-7　通过ADSL共享访问Internet

本章小结

本章介绍了在RHEL5系统上安装和配置iptables的NAT功能，并通过NAT的方法访问Internet。通过项目案例，介绍了如何将内部网络IP地址转换为公网IP地址，并介绍了实现iptables防火墙的一些功能的配置方法。

第7章 项目6——配置代理服务器Squid

📖 **职业能力目标：**

- 实现内部网用户通过Squid代理服务器访问Internet
- 实现Squid透明代理服务，简化客户端设置
- 设置Squid的ACL，实现访问控制

7.1 代理服务器和Squid

1. 代理服务器

代理服务器（Proxy Server）通常是由代理服务器软件和同时连接内部网和外部网的一台计算机组成，为内部网用户代理访问Internet。对于办公室、家庭等较小的网络，可使用普通的PC配置为代理服务器；如果是较大的局域网，如学校机房、企业内部网、小型校园网、小型公司内部网等，则需要选用性能稳定、内存较大、速度较快的服务器计算机作为代理服务器。

当内部网的计算机需要访问外部网络时，该计算机的访问请求被代理服务器截获，代理服务器通过查找本地的缓存，如果有请求的数据（如WWW页面），则把该数据直接传给发出请求的内部网计算机；如果没有，则通过代理服务器的NAT转换，访问外部网络。当数据返回时，代理服务器将新获得的数据复制一份缓存到的磁盘中，同时，将该数据发送给发出请求的计算机。为了避免用户看到的页面过于陈旧，代理服务器缓存中的数据需要定时更新。

代理服务器软件有很多种，可以使用第三方提供的代理服务器软件，如WinGate等，也可直接使用Linux或Windows操作系统等提供的代理服务器功能，如Linux系统使用的Squid代理服务器软件。如果使用安装了两块网卡的计算机作为代理服务器，网络连接方法与NAT服务器的连接方法一样，并且也需要配置NAT转换。Squid代理服务器与NAT服务器的主要区别在于：Squid设置了高速缓存，能够有效地提高上网速度。

2. Squid代理服务器

Squid是免费的应用层代理服务器，由互联网上众多的开发人员编写，具备强大的可

配置能力和可管理性。Squid支持HTTP、FTP、SSL和 Gopher等多种协议，可以工作在多种Linux或UNIX系统中，并能够使用访问控制列表（ACL）和权限列表（ARL）来允许或拒绝某些访问。Squid还可以被配置为透明代理，这样，用户不需要设置“通过代理访问”，访问Internet时，好像根本不知道有Squid一样。

Squid的工作原理如图7-1所示，当用户需要访问一个主页时，可以向Squid发出一个申请，Squid可代替该用户连接所请求的网站，并将获取的主页传给用户，同时也保留一个备份，存放在高速缓存（Cache）里。当别的用户申请同样的页面时，Squid把保存的备份直接传给用户，使用户觉得速度很快。

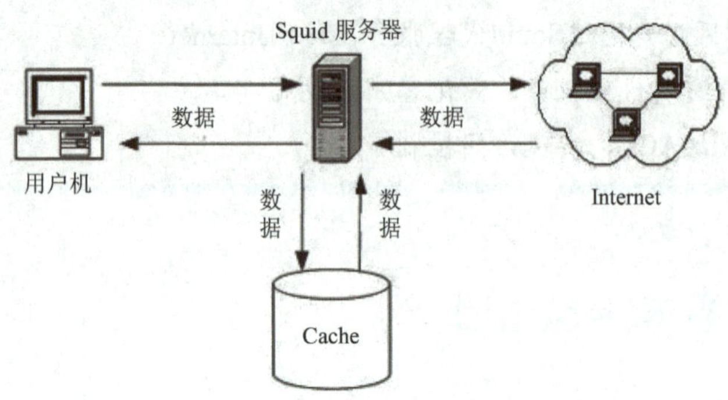

图7-1　Squid服务器工作原理

7.2　任务1——实现通过Squid代理服务器访问Internet

7.2.1　需求分析

【任务情境】

某企业已经组建了内部局域网，有网络用户2000人。企业内部网络使用私有IP地址段为192.168.1.1～192.168.10.255，子网掩码为255.255.255.0。这10个IP地址网段的用户被分配到10个VLAN里，并通过三层交换机互连，内部用户都能够访问子网192.168.1.0网段。企业用户需要访问Internet，并向ISP申请了一条10M的以太网线路，并申请了6个公网IP，IP地址范围为202.30.30.1～202.30.30.6，子网掩码为255.255.255.0。现在需要实现企业内部的所有用户都通过这条线路访问Internet，但禁止网段192.168.6.0的用户访问Internet。

【任务分析】

本任务又是一个典型的内部网用户通过一条线路共享上网的案例。共享上网的方法有很多种，如前面提到的通过宽带路由器、Windows系统的Internet共享、Linux系统的iptables的NAT和代理服务器。在本任务中，由于用户较多（2000人），如果使用简单的Interent共享方式，访问Interent的速度会非常慢，甚至无法使用。

管理员开始选择了iptables的NAT，一开始还可以，可是，运行一段时间后，发现访问Internet的速度仍然很慢。尽管NAT在理论上能够支持5000个内部用户的转换，但实际上每个用户可能占用多个端口，在用户较少时没有问题，在较多的用户同时访问时，则会严重影响Internet的访问速度。

管理员经过与网络系统集成商有经验的工程师咨询得知，最佳的解决方案有两种：一种是使用路由器直接通过路由连接到Internet，并全部使用公网IP地址，不经过NAT转换；另一种是使用代理服务器。然而，在128位的IPV6（IP版本6）还没有被广泛应用之前，目前使用的32位的IPV4（IP版本4）接近枯竭，使得企业无法申请获得足够的公网IP地址，也就是说，企业网络只能使用私有IP地址，并通过NAT转换访问Internet。这样，只有使用代理服务器这个最佳选择了。

Squid代理服务器软件可以免费获得，而且管理员已经熟悉了Linux系统的配置，于是决定采用Squid。Squid代理服务器的网络连接如图7-2所示，连接外部网的网卡eth0的IP地址设为202.30.30.1，连接内部网的网卡eth1的IP地址设为192.168.1.1。

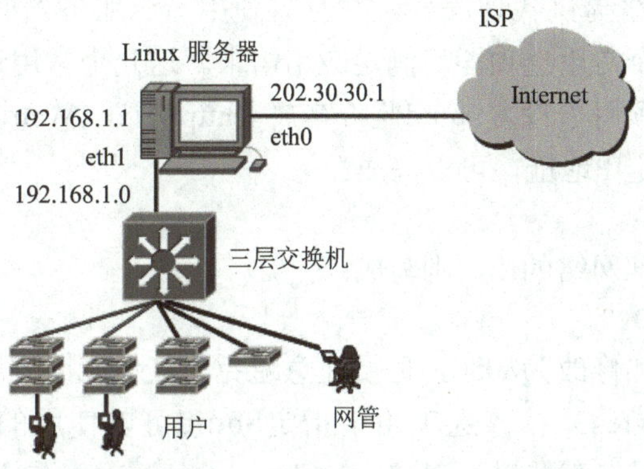

图7-2　企业Squid服务器的网络连接拓扑图

7.2.2　配置方案

在Linux服务器上安装、启动和配置Squid，实现通过代理服务访问Internet，并设置ACL访问控制，按照企业要求，限制网段192.168.6.0的用户访问Internet。

7.2.3　配置过程

1. 配置iptables的NAT功能。

配置iptables的NAT方法，请参考第6章的任务1。IP地址规划见表7-1，其中DNS的IP地址需要询问ISP。

表7-1　IP地址设置

网　卡	IP	子网掩码
eth0	202.30.30.1	255.255.255.0
eth1	192.168.1.1	255.255.255.0
DNS	202.96.64.68	—
辅DNS	202.96.64.38	—

2. 配置基本的Squid代理服务器

1）在安装RHEL5时，Squid被默认安装。用下面方法检查安装的Squid软件版本。

```
[root@localhost ~]# rpm –q Squid
```

如图7-3所示，看到版本号Squid-2.6.STABLE6-4.el5，说明已经安装。

```
[root@localhost ~]# rpm –q Squid
Squid-2.6.STABLE6-4.el5
```

图7-3 检查是否安装了Squid

2）修改Squid的配置文件。Squid的默认配置文件为目录/etc/squid/下的squid.conf。由于Squid的配置文件很庞大，达到了3000多行，查看和编辑都很麻烦。建议将该文件更名为Squid.conf.bak，然后重新建立一个squid.conf文件。

为一个中小型的网络提供代理服务，并且只使用一台服务器时，配置相对简单，只需要修改配置文件中的几个常用选项即可满足应用需求。这几个常用选项分别是：

① http_port：该选项用于设置Squid监听客户端http协议（Web访问）连接请求的端口，默认是3128。如果不指定IP地址，可以写成：

```
http_port 3128
```

如果只监听来自内部网络的IP，则写成：

```
http_port 192.168.1.1:3128
```

端口号可以修改，如修改为8080，但要注意避免与其他应用程序冲突。

② cache_mem（bytes）：该选项用于指定Squid可以使用的物理内存的值，默认为64MB。这部分内存被用来存储以下对象：In-Transit objects（传入的对象）、Hot Objects（热对象，即用户常访问的对象）、Negative-Cached objects（消极存储的对象）。如果服务器的物理内存较大，如1GB以上，可以将该选项设置为256MB，或再大些。

③ cache_dir ufs /var/spool/squid 4096 16 256：该选项指定Squid使用硬盘缓存的交换空间的大小及其目录结构。可以用多个cache_dir命令来定义多个交换空间，并且这些交换空间可以分布在不同的磁盘分区。如果想用整个磁盘作为交换空间，那么可以将该目录作为加载点将整个磁盘挂装上去。ufs表示文件存储类型，默认的交换空间的目录为/var/spool/squid，4096表示最大可用的存储空间，单位为MB，16表示squid可以建立的一级子目录数量，256表示在每个以及子目录下可以建立的二级子目录数量。

④ dns_nameservers：设置DNS的IP地址，如202.96.64.68。

⑤ acl 和http_access：Squid默认拒绝所有客户端访问：

```
acl all src 0.0.0.0/0.0.0.0
http_access deny all
```

其中，all为acl访问控制规则的名称。需要设置允许所有用户访问，应将deny改为allow。

```
acl all src 0.0.0.0/0.0.0.0
http_access allow all
```

如果需要限制网段192.168.6.0的用户访问，配置如下：

```
acl acd1 src 192.168.6.0/255.255.255.0
```

```
http_access deny acd1
```

值得注意的是，acl是按顺序执行的，条件符合后不再查看后面的规则。

最后的配置文件内容如下：

```
http_port 192.168.1.1:3128                        # 代理服务器IP及端口号
cache_mem 256M
cache_dir ufs /var/spool/squid 4096 16 256
cache_effective_user squid                        # 供代理服务器使用的用户
cache_effective_group squid                       # 供代理服务器使用的用户组
dns_nameservers 202.96.64.68 202.96.64.38
cache_access_log /var/log/squid/access.log        # 用户访问Internet记录的日志
cache_log /var/log/squid/cache.log                # 记录缓存的日志
cache_store_log /var/log/squid/store.log          # 网页在缓存中调用情况日志
visible_hostname 192.168.1.1                      # 告知代理服务器主机名称
cache_mgr admin@youremail.com                     # 告知管理员的email地址
# 访问控制：
acl acd1 src 192.168.6.0/255.255.255.0
http_access deny acd1
acl all-inside 192.168.0.0/255.255.0.0
http_access allow all-inside
acl all src 0.0.0.0/0.0.0.0
http_access deny all
```

3）使修改后的Squid配置文件生效。

```
[root@localhost ~]# /etc/rc.d/init.d/squid reload
```

4）初始化Squid，建立缓存目录。

```
[root@localhost ~]# /usr/sbin/squid -z
```

如果开启了防火墙，需要将代理服务器使用的端口（如3128）保持打开。通常防火墙已经开启了端口3128，如果不知道是否打开，可以使用下面命令打开：

```
[root@localhost ~]# iptables -I INPUT -p tcp --dport 3128 -j ACCEPT
```

3. 启动或重新启动Squid服务器

启动使用命令：

```
[root@localhost ~]# /etc/init.d/squid start
```

重新启动使用命令：

```
[root@localhost ~]# /etc/init.d/squid restart
```

如果需要停止Squid服务器，使用命令:

```
[root@localhost ~]# /etc/init.d/squid stop
```

通常会需要Squid随着系统启动而自动加载，可以使用命令chkconfig设置：

```
[root@localhost ~]# chkconfig -- level5 squid on
```

```
[root@localhost ~]# chkconfig – level3 squid on
```

4. 客户端的配置

该企业的用户都是Windows用户，客户端一般使用Windows XP，设置步骤如下：

1）设置用户的IP地址。如果企业设置了DHCP服务器，客户端可以设置为自动获取。如果没有，需要手工设置客户端的IP、网关、DNS等。例如，一台Windows XP主机的IP设置为192.168.1.6，IP设置如图7-4所示。

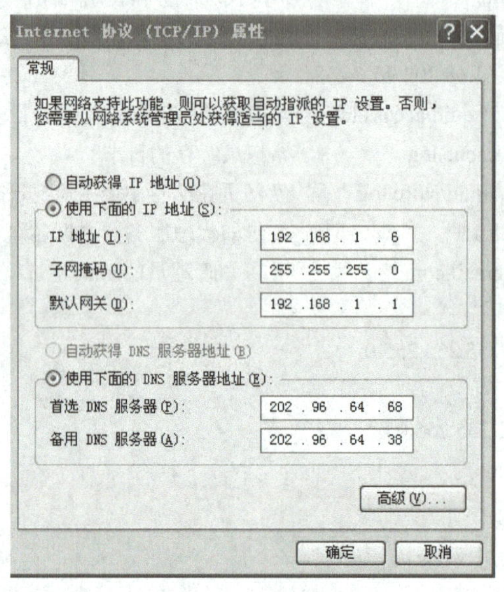

图7-4　客户端的IP设置

其他网段的用户的IP设置与上面方法一样，只是IP地址和网关地址不同，具体配置应询问网络设备管理员。

2）设置通过代理服务及端口访问Internet。如果用户使用IE浏览器（其他浏览器的设置方法可参考IE浏览器的设置），打开IE浏览器，如图7-5所示，在菜单“工具”中打开“Internet选项”。

图7-5　Internet选项

在Internet选项窗口中，打开菜单“连接”页的“局域网设置”，并如图7-6所示钩选“为LAN使用代理服务器”，并设置代理服务器的IP地址及端口号，例如，设置代理服务器的IP为192.168.1.1，端口号为3128。设置完成后，点击“确定”。接下来，用户就可以通过代理服务器上网了。

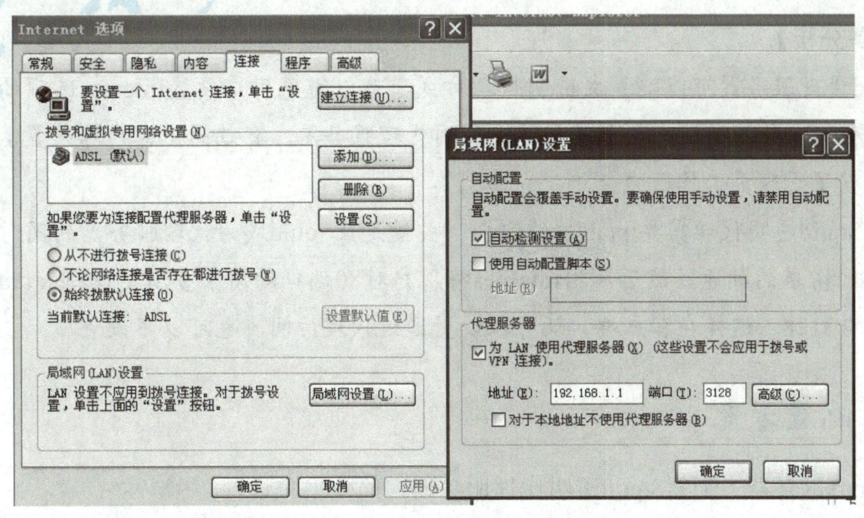

图7-6　局域网的代理服务设置

7.2.4　应用测试

1. 服务器端测试

首先要确保通过服务器可以访问Internet，并与内部用户网络连通（通过ping测试）。

2. 客户端测试

客户端正确设置了IP地址及浏览器Internet选项（通过代理服务器访问）后，就可以尝试通过代理服务器访问Internet了。

代理服务器能够提供高速缓存，对于大部分用户经常访问的站点，代理服务器会缓存在服务器的高速硬盘里，并定期更新。这样，内部用户在访问Internet时会先访问高速缓存，大部分内容可以直接获得，如果访问缓存中没有的内容，则需要经过NAT到Internet上获取。这样，大大节省了访问Internet的外网带宽，用户会感觉访问速度很快。当然也应该知道，在开始使用代理服务器的一段时间，上网速度仍然会很慢，因为高速缓存中的数据几乎是空的，需要大量刷新经常访问的站点之后才会提高用户的访问速度。

7.3　任务2——配置Squid透明代理，简化用户设置

7.3.1　需求分析

【任务情境】

在任务1中通过配置Linux服务器的Squid代理服务器，已经实现了内部网用户通过代理服务器访问Internet。由于企业用户很多，并且用户大部分对PC的浏览器设置不熟练，总来麻烦管理员帮助解决上网问题，给管理员增加了额外的工作量。如果简化客户端设置，

无需用户设置Internet选项，将会有效提高网络管理的工作效率。

【任务分析】

Squid代理服务器可以配置成透明代理方式，可以避免用户设置Internet选项的代理服务器IP地址和端口号，使用户几乎不知道在使用代理服务器，有效简化客户端设置，既方便用户，也减少了管理员工作压力。

配置Squid透明代理需要iptables的配合，关键是让Squid成为代理服务器的同时，设置对80端口访问请求的加速，然后利用iptables将用户对80端口的请求重新定向到squid代理服务设置的端口3128。这样在客户端，既可以设置通过代理访问，也可以不设置。

7.3.2 配置方案

在Linux服务器上配置Squid透明代理服务器，简化用户设置。

7.3.3 配置过程

1. 配置Squid透明代理的80端口加速

在Squid的基本配置中，添加以下4条：

```
httpd_accel_host virtual                    # 虚拟主机模式virtual
httpd_accel_port 80                         # 要加速的端口80
httpd_accel_with_proxy on                   # 打开代理服务
httpd_accel_user_host_header on             # 缓存主机头名称
```

即添加上面这4条到配置文件/etc/squid/子目录下的squid.conf中，最后的配置如下：

```
http_port 192.168.1.1:3128                  # 代理服务器IP及端口号
cache_mem 256M
cache_dir ufs /var/spool/squid 4096 16 256
cache_effective_user squid                  # 供代理服务器使用的用户
cache_effective_group squid                 # 供代理服务器使用的用户组
dns_nameservers 202.96.64.68 202.96.64.38
cache_access_log /var/log/squid/access.log  # 用户访问Internet记录的日志
cache_log /var/log/squid/cache.log          # 记录缓存的日志
cache_store_log /var/log/squid/store.log    # 网页在缓存中调用情况日志
visible_hostname 192.168.1.1                # 告知用户代理服务器主机名称
cache_mgr admin@youremail.com               # 告知用户管理员的email地址
# 透明代理必须添加的4条：
httpd_accel_host virtual                    # 虚拟主机模式virtual
httpd_accel_port 80                         # 要加速的端口80
httpd_accel_with_proxy on                   # 打开代理服务
httpd_accel_user_host_header on             # 缓存主机头名称
```

```
# 访问控制：
acl acd1 src 192.168.6.0/255.255.255.0
acl all-inside 192.168.0.0/255.255.0.0
acl all src 0.0.0.0/0.0.0.0
http_access deny acd1
http_access allow all-inside
http_access deny all
```

2. 配置iptables的NAT，并重定向80端口的访问请求到3128端口

NAT的配置在任务1中已经完成，这里需要再配置iptables的端口重定向。当内部网络用户（没有设置通过代理访问）通过http协议访问Internet的网站（即发送对80端口的请求）时，网络会将该请求送到网关IP地址192.168.1.1，为了能将该请求交给squid处理，可配置对192.168.1.1的80端口的访问请求重定向到3128端口，设置命令如下：

```
iptables -t nat -A PREROUTING -s 192.168.1.1/32 -p tcp --dport 80 -j REDIRECT 3128
```

为了能够让用户使用SSL协议（使用443端口）和FTP协议（使用21端口）访问，还需要将这些协议的端口设置重定向到3128端口，设置命令如下：

```
iptables -t nat -A PREROUTING -s 192.168.1.1/32 -p tcp --dport 443 -j REDIRECT 3128
iptables -t nat -A PREROUTING -s 192.168.1.1/32 -p tcp --dport 21 -j REDIRECT 3128
```

7.3.4 应用测试

在客户端的Internet选项中，将“为LAN使用代理服务器”取消钩选。然后，测试客户端的Internet访问。如果能正常访问Internet，则说明透明解析代理服务器设置正确。

7.4 拓展实验

某企业内部网，申请了一条2M的DDN专线连接Internet，网络连接拓扑图，如图7-7所示。向ISP申请了4个公网IP地址块202.96.6.4/30（202.96.6.4~202.96.6.7/30）。为了提高访问速度，并简化用户的网络设置，管理员设置了DHCP服务器，可以自动为用户分配IP地址（包括网关、DNS）。现在需要配置Squid透明代理服务，为所有用户提供Internet访问。

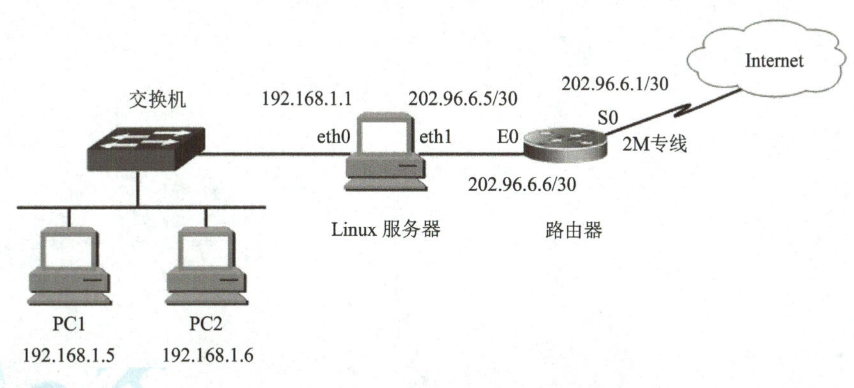

图7-7 企业内部网通过专线连接Internet

本章小结

本章介绍了在RHEL5系统上的Squid代理服务器的安装、配置和测试，通过项目案例介绍了内部网络用户如何实现通过代理服务器访问Internet的方法，并介绍了通过设置透明代理服务器简化用户配置的方法。

第8章

项目7——实现DHCP服务

职业能力目标：

- 架设DHCP服务器，提供一个子网的DHCP服务
- 架设多宿主DHCP服务器，实现多个子网的DHCP服务

8.1 DHCP服务器预备知识

在IP网络里的每一台主机都必须有一个唯一的IP地址，通过这个IP地址标识主机所在的网络中位置。主机的IP可以通过两种方式分配或设置：一种是指定IP地址方式，另一种是自动获取IP地址方式。绝大多数情况下，服务器主机的IP地址需要使用指定方式设置固定的IP地址，而对于客户端主机，可以采用两种方式设置IP地址。在客户数量比较多的情况下，逐一给每台主机设置IP地址比较麻烦，管理员可以通过安装DHCP服务器的方法，为客户端主机自动配置IP地址，从而减轻管理员的工作负担。

DHCP（Dynamic Host Configuration Protocol，动态主机配置协议）可以动态地分配和设置网络中客户端主机的IP配置，包括IP地址、子网掩码、网关、DNS服务器地址等，并可以设置用户对IP地址的使用期限，到期后自动收回或续租。客户端主机只要在IP配置中设置通过DHCP自动获取IP即可。这样，不仅可以减轻管理员手工设置IP地址的工作负担，避免因疏忽导致的错误，还能够节约IP的使用数量。例如，通过ADSL上网的家庭用户，设置为获取IP，通过ISP服务提供商的DHCP服务器，自动完成客户主机的IP配置，这样，不仅使家庭用户的IP设置简单，同时，在一些家庭用户空闲时，ISP可以收回部分IP地址供其他用户使用。

DHCP工作原理很简单，当设置了自动获取IP的网络中的客户端主机开机后，首先向网络发送UDP广播，找到DHCP服务器，然后向DHCP服务器请求分配一个IP地址。DHCP服务器受到请求后，在事先设置好的地址池中随机选择一个空闲的IP，并分配给该客户端主机，如果在DHCP服务器上提供了网关地址和DNS地址，还能一并传给客户端，自动完成客户端的全部IP地址配置。在配置和连接好DHCP服务器并正常运行后，这些过程都是自动完成的。

8.2 任务1——配置DHCP服务器，实现IP的自动分配

8.2.1 需求分析

【任务情境】

某企业有200台计算机，使用IP地址段为192.168.1.1～192.168.1.255，子网掩码为255.255.255.0。其中，IP地址192.168.1.1分配给路由器的端口使用，并作为该网络的网关地址，192.168.1.2分配给本地DNS服务器使用，192.168.1.3～192.168.1.10暂时保留不分配，192.168.1.100保留给本地Web服务器使用，也不分配，IP地址192.168.1.11分配给DHCP服务器，192.168.1.158分配给管理员自己的PC使用。企业网络连接拓扑图，如图8-1所示。

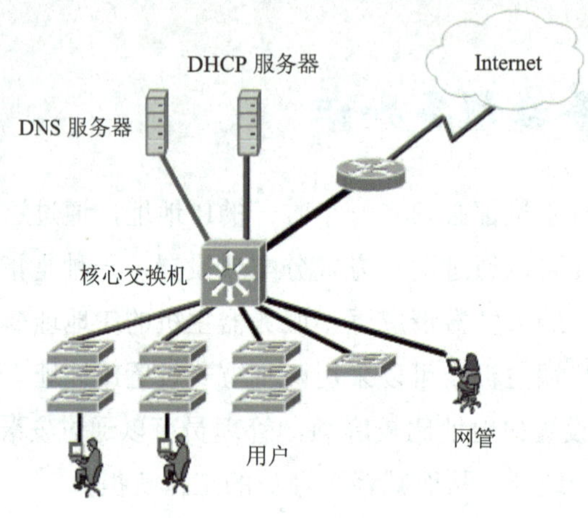

图8-1　企业网络连接拓扑图

由于开始没有DHCP服务器，管理员人工为每台服务器和用户主机配置IP地址。服务器比较少，而且运行比较稳定，而用户则比较多，而且多数用户不熟悉IP设置方法，经常因为重新安装系统而麻烦管理员帮助重新配置IP地址。这样，管理员每天在配置用户的IP地址上浪费了很多时间。为了提高工作效率，管理员与部门主管申请，购置了一台服务器，决定采用配置DHCP服务器的方法，解决网络用户主机的IP地址自动配置问题，以解除管理员逐个设置用户IP地址的工作负担。

【任务分析】

实现DHCP服务需要安装和配置一台DHCP服务器，由于仅提供一个子网的服务，配置比较简单。

DHCP服务器实际上是一个网络应用软件，绝大多数操作系统都包含了这个服务器软件，为了能够稳定工作，需要使用服务器版的操作系统，如Windows Server 2003、Red Hat Enterprise Linux等。由于RHEL5运行比较稳定可靠，管理员决定使用RHEL5服务器配置DHCP服务，并提供24小时不间断A运行服务（至少在第一个内部用户开机之前运行服务器）。

8.2.2 配置方案

安装RHEL5，并在Linux服务器上安装、启动和配置DHCP服务器。

8.2.3 配置过程

1. 安装DHCP服务器

在RHEL5的发行版本中已经包含了与DHCP服务器相关的软件包，在默认安装时不安装DHCP，可以在安装RHEL5时，选择安装DHCP服务器。

首先检查系统是否安装了该软件包。使用管理员root用户登录本地Linux服务器，并输入rpm命令：

```
[root@RHEL5 ~]# rpm -q dhcp
```

结果如图8-2所示。

```
[root@RHEL5 ~]# rpm -q dhcp
Package dhcp is not installed
[root@RHEL5 ~]#
```

图8-2　检查是否安装了DHCP

从提示中看出，没有安装DHCP的软件包。将RHEL5安装光盘（DVD）放入DVD光驱内，在GNOME桌面的“计算机”中打开CD-ROM/DVD-ROM的光盘，并在SERVER文件夹中找到文件包dhcp-3.0.5-13.el5.i386.rpm，可用鼠标左键双击该文件直接进行安装。或者，将该文件复制到桌面的“文件系统”中root文件夹下，并使用如图8-3所示方法安装。

```
[root@localhost ~]# dir
anaconda-ks.cfg   dhcp-3.0.5-13.el5.i386.rpm   install.log.syslog
Desktop           install.log                  scsrun.log

[root@localhost ~]# rpm -ivh dhcp-3.0.5-13.el5.i386.rpm
warning: dhcp-3.0.5-13.el5.i386.rpm: Header V3 DSA signature: NOKEY,
key ID 37017186
Preparing...      ########################################### [100%]
        package dhcp-3.0.5-13.el5 is already installed
[root@localhost ~]#
```

图8-3　安装DHCP

2. 设置DHCP服务器，修改配置文件/etc/dhcpd.conf

DHCP服务器的运行是按照文件/etc/dhcpd.conf中的设置进行的，设置DHCP服务器就是设置文件/etc/dhcpd.conf。可以使用vi打开文件/etc/dhcpd.conf，或者使用图形方式打开桌面的“文件系统”，在文件夹etc中找到文件dhcpd.conf，并双击打开。该文件内容如下：

```
#
# DHCP Server Configuration file.
#   see /usr/share/doc/dhcp*/dhcpd.conf.sample
#
```

初始安装DHCP后，文件dhcpd.conf实际上是一个空文件，只有两行，其中第二行的“see/usr/share/doc/dhcp*/dhcpd.conf.sample”，提示用户可以参考范文文件，在文件夹/usr/share/doc/dhcp*/下的文件dhcpd.conf.sample 。打开这个范文文件，并将其所有内容复制到文件夹/etc/ 下的文件dhcpd.conf中，复制后，dhcpd.conf文件内容如下。

```
#
# DHCP Server Configuration file.
#   see /usr/share/doc/dhcp*/dhcpd.conf.sample
#
ddns-update-style interim;
ignore client-updates;

subnet 192.168.0.0 netmask 255.255.255.0 {

# --- default gateway
        option routers                  192.168.0.1;
        option subnet-mask              255.255.255.0;

        option nis-domain               "domain.org";
        option domain-name              "domain.org";
        option domain-name-servers      192.168.1.1;

        option time-offset              -18000;     # Eastern Standard Time
#       option ntp-servers              192.168.1.1;
#       option netbios-name-servers     192.168.1.1;
# --- Selects point-to-point node (default is hybrid). Don't change this unless
# -- you understand Netbios very well
#       option netbios-node-type 2;

        range dynamic-bootp 192.168.0.128 192.168.0.254;
        default-lease-time 21600;
        max-lease-time 43200;

        # we want the nameserver to appear at a fixed address
        host ns {
                next-server marvin.redhat.com;
```

```
            hardware ethernet 12:34:56:78:AB:CD;
            fixed-address 207.175.42.254;
        }
    }
```

其中，符号“#”表示其后面的部分为说明项，不执行操作。每条语句最后除了由“{”或“}”符号结束之外，必须用“；”号结尾，中间如包含多项，则需要用“，”号隔开。

接下来，将其中的关键内容按照项目的需求进行修改。由于在IP地址段192.168.1.0（192.168.1.1～192.168.1.255）中，192.168.1.1和192.168.1.2已经分配给网关和DNS服务器，192.168.1.3～192.168.1.10和192.168.1.100暂时保留不分配，192.168.1.11分配给DHCP服务器，而IP地址192.168.1.255用于网络广播，不能分配给主机。这样，剩下的IP可用于DHCP的地址池（用于分配给用户主机使用的IP地址范围），范围是192.168.1.12～192.168.1.99和192.168.1.101～192.168.1.254。可以全部使用，也可以只选出200个，其中192.168.1.158设置为固定给管理员用户使用。由于使用内部网私有IP，有足够的IP地址使用，不需要回收，可以将使用租约期限设置更宽松些，如10天，甚至1个月。如果可用主机IP地址的数量少于用户的数量，则租约期限应设置小一些，如6小时，或者1天。

这样，需要修改的主要内容见表8-1。

表8-1　DHCP服务器配置文件需要修改的内容

范文修改项	按需要修改后	功能说明
subnet 192.168.0.0 netmask 255.255.255.0 {	subnet 192.168.1.0 netmask 255.255.255.0 {	服务子网
option routers 192.168.0.1;	option routers 192.168.1.1;	网关
option nis-domain "domain.org"; option domain-name "domain.org";	删除（如果有域名，可用企业域名替换"domain.org"）	DNS域名
option domain-name-servers 192.168.1.1;	option domain-name-servers 192.168.1.2, 202.96.64.68;	DNS的IP地址
option time-offset -18000;	删除	时间偏差
range dynamic-bootp 192.168.0.128 192.168.0.254;	range dynamic-bootp 192.168.1.12 192.168.1.99, 192.168.1.101 192.168.1.254;	DHCP的IP地址池
default-lease-time 21600;	default-lease-time 172800;	默认的租约期限（2天）
max-lease-time 43200;	max-lease-time 345600	最大的租约期限（4天）

host ns {
next-server marvin.redhat.com;
Hardware ethernet 12:34:56:78:AB:CD;
fixed-address 207.175.42.254;
}
	host PC1 {
	Hardware ethernet 12:34:56:78:AB:CD;
	fixed-address 192.168.1.158;
	}
		通过MAC地址绑定，以便给某个用户分配一个固定IP

其中，地址202.96.64.68为电信商提供的DNS服务器地址，如果使用其他的DNS服务器，请替换它。如果用户需要上网，注意网关和DNS的地址一定不要设错。租约期限的时间用“秒”表示，如一天表示为86400。硬件地址“12:34:56:78:AB:CD”为管理员主机（IP为192.168.1.158）的MAC地址，在给用户分配固定IP时，需要绑定该用户准确的MAC地址，MAC地址是烧在网卡上的硬件地址，每个用户主机的MAC地址是不同的。获知用户

的MAC地址方式有多种，管理员可以通过命令ping和arp的方法获知，如图8-4所示。

```
[root@localhost ~]# ping 192.168.1.158
PING 192.168.1.158 (192.168.1.158) 56(84) bytes of data.
64 bytes from 192.168.1.158: icmp_seq=1 ttl=128 time=15.8 ms
64 bytes from 192.168.1.158: icmp_seq=2 ttl=128 time=1.06 ms
64 bytes from 192.168.1.158: icmp_seq=3 ttl=128 time=0.547 ms

--- 192.168.1.158 ping statistics ---
3 packets transmitted, 3 received, 0% packet loss, time 6999ms
rtt min/avg/max/mdev = 0.547/2.698/15.828/4.980 ms
You have mail in /var/spool/mail/root
[root@localhost ~]# arp
Address          HWtype  HWaddress            Flags Mask       Iface
192.168.1.158    ether   00:15:F0:65:AA:37    C                eth0
[root@localhost ~]#
```

图8-4 获知用户的MAC地址

从图中可以看出，IP地址为192.168.1.158的用户（管理员主机）的MAC地址为“00:15:F0:65:AA:37”。如果绑定其他用户MAC地址，可参看表8-1中的MAC地址与IP的绑定方法。

最终修改后的配置文件dhcpd.conf 的内容如下：

```
ddns-update-style interim;
ignore client-updates;

subnet 192.168.1.0 netmask 255.255.255.0 {

# --- default gateway
        option routers                  192.168.1.1;
        option subnet-mask              255.255.255.0;

        option domain-name-servers      192.168.1.2, 202.96.64.68;

        range dynamic-bootp 192.168.1.11 192.168.1.99, 192.168.1.101 192.168.1.254;
        default-lease-time 172800;
        max-lease-time 345600;

        # we want the nameserver to appear at a fixed address
        host PC1 {
                hardware ethernet 00:15:F0:65:AA:37;
                fixed-address 192.168.1.158;
        }
}
```

3. 启动DHCP服务器

安装并配置好DHCP服务器之后，需要启动或重新启动DHCP服务器才能正常运行。启动DHCP服务器通过启动dhcpd服务来实现。启动dhcpd服务的方法有3种，命令行方式、图形窗口设置方式和应用程序chkconfig设置方式，其中最简单易行的方法是命令行方式，本例使用命令行方式。

（1）启动dhcpd服务　dhcpd文件的路径是 /etc/init.d/dhcpd。启动dhcpd服务，可以使用命令：

```
[root@localhost ~]# /etc/init.d/dhcpd start
```

结果如图8-5所示。

```
[root@localhost ~]# /etc/init.d/dhcpd start
启动 dhcpd:                                   [确定]
```

图8-5　启动dhcpd服务

重新启动dhcpd服务，可以使用命令：

```
[root@localhost ~]# /etc/init.d/dhcpd restart
```

结果如图8-6所示。

```
[root@localhost ~]# /etc/init.d/dhcpd restart
关闭 dhcpd:                                   [确定]
启动 dhcpd:                                   [确定]
```

图8-6　重新启动dhcpd服务

如果想要停止dhcpd服务，可以使用命令：

```
[root@localhost ~]# /etc/init.d/sshd stop
```

结果如图8-7所示。

```
[root@localhost ~]# /etc/init.d/sshd stop
停止 sshd:                                    [确定]
```

图8-7　停止dhcpd服务

（2）设置开机时自动启动dhcpd服务　为了避免因忘记启动dhcpd服务或服务器重启后dhcpd服务的停止，需要配置在系统启动时就自动运行该服务。配置该服务的自动运行有3种方法：通过命令配置、通过图形窗口设置、通过ntsysv应用程序设置。其中，通过命令配置的方法最简单、最快捷。当然，管理员可根据自己的习惯，选用其中的任何一种。这3种设置方法如下：

1）使用命令chkconfig设置dhcpd的自启动。

```
[root@localhost ~]# chkconfig dhcpd on
```

这样，当系统运行level 3或level 5时，系统会自动运行sshd服务。Linux系统共有0～6个level运行模式，level 5为图形模式，level 3是命令行（或文本）运行模式。如果查看其他level模式是否自动运行dhcpd服务，可以使用如下命令：

```
[root@localhost ~]# chkconfig --list dhcpd
```

结果如图8-8所示。

```
[root@localhost ~]# chkconfig --list dhcpd
dhcpd          0:关闭   1:关闭   2:启用   3:启用   4:启用   5:启用   6:关闭
```

图8-8　查看各level模式是否自动运行dhcpd服务

设置开机后关闭dhcpd服务，使用命令：

```
[root@localhost ~]# chkconfig dhcpd off
```

2）通过图形窗口的“服务”设置dhcpd服务的运行：在Linux系统的图形模式窗口，依次选择：系统→管理→服务，出现服务配置窗口，如图8-9所示。在后台服务页面找到服务“dhcpd”，钩选该项，然后点击“开始”或“重启”按钮，直到在状态窗口提示“dhcpd服务正在运行…”，然后，保存设置。这样，当系统重新启动，并运行level 5时，系统会自动运行dhcpd服务。

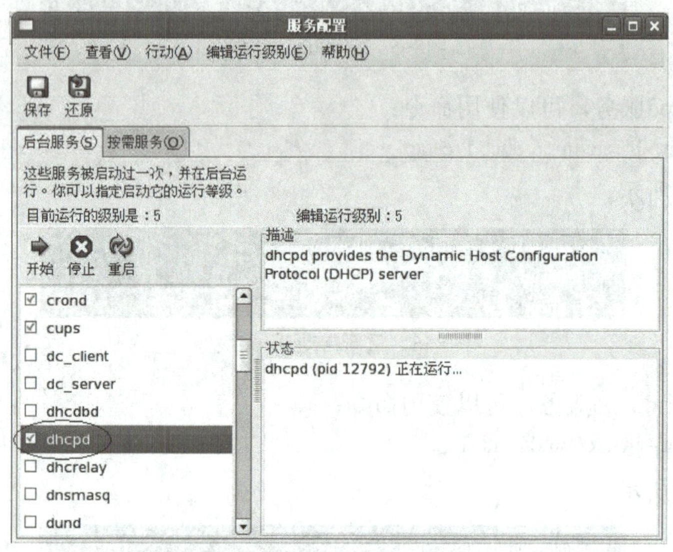

图8-9　图形窗口的dhcpd服务配置

3）使用ntsysv设置dhcpd运行：在Linux系统文本模式下，输入命令ntsysv，在出现的画面中移动光标到菜单的“dhcpd”项，按空格键选中，使“dhcpd”项之前出现“*”号，然后使用“Tab”键移动光标到“确定”按钮，按“Enter”键，完成设置。

8.2.4　应用测试

1. Windows用户客户端

设置客户端PC，包括管理员的PC在内，均设置自动获取IP地址。用户设置方法非常简单，下面以常用的Windows XP为例介绍客户端设置步骤。

1）打开本地连接的IP设置。鼠标右键单击“网上邻居”图标，选择“属性”，打开“本地连接”，再选择其“属性”，点击“Internet协议（TCP/IP）”，出现IP地址配置，如图8-10所示。

2）设置自动获得IP地址、自动获得DNS地址。如图8-11所示，修改为“自动获得

IP地址”和“自动获得DNS地址”，然后点击“确定”保存设置。

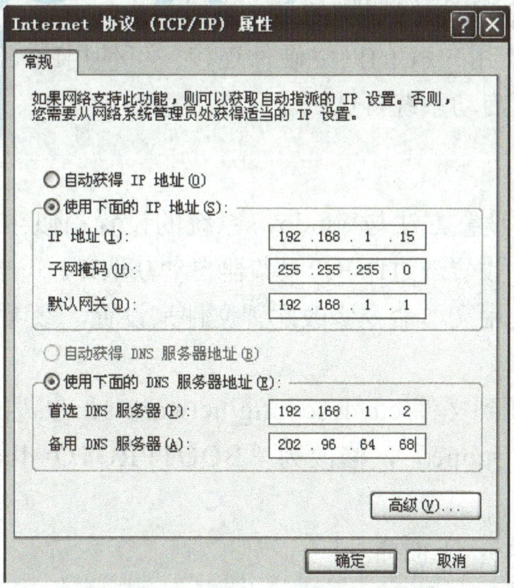

Internet 协议（TCP/IP）属性

常规

如果网络支持此功能，则可以获取自动指派的 IP 设置。否则，您需要从网络系统管理员处获得适当的 IP 设置。

○自动获得 IP 地址(O)
⊙使用下面的 IP 地址(S):
IP 地址(I): 192 . 168 . 1 . 15
子网掩码(U): 255 . 255 . 255 . 0
默认网关(D): 192 . 168 . 1 . 1

○自动获得 DNS 服务器地址(B)
⊙使用下面的 DNS 服务器地址(E):
首选 DNS 服务器(P): 192 . 168 . 1 . 2
备用 DNS 服务器(A): 202 . 96 . 64 . 68

高级(V)...
确定 取消

图8-10　指定方式的IP配置

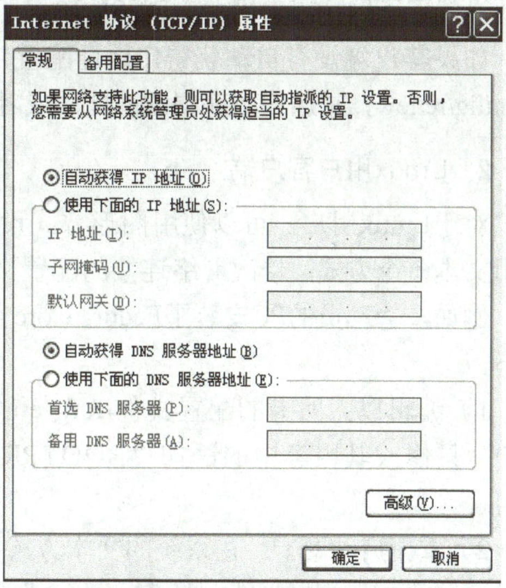

Internet 协议（TCP/IP）属性

常规 备用配置

如果网络支持此功能，则可以获取自动指派的 IP 设置。否则，您需要从网络系统管理员处获得适当的 IP 设置。

⊙自动获得 IP 地址(O)
○使用下面的 IP 地址(S):
IP 地址(I):
子网掩码(U):
默认网关(D):

⊙自动获得 DNS 服务器地址(B)
○使用下面的 DNS 服务器地址(E):
首选 DNS 服务器(P):
备用 DNS 服务器(A):

高级(V)...
确定 取消

图8-11　自动获得IP的配置

3）客户端测试自动获得DHCP服务器分配的IP地址。在客户端的DOS窗口输入ipconfig/all命令查看。点击Windows窗口的“开始”，点击“运行”，输入命令“cmd”进入DOS窗口，然后输入命令“cd\”后按“Enter”键，退到C盘的根目录，输入命令“ipconfig/all”后按“Enter”键，结果如图8-12所示。

```
Microsoft Windows XP [版本 5.1.2600]
(C) 版权所有 1985-2001 Microsoft Corp.
C:\Documents and Settings\james>cd\
C:\> ipconfig/all
Windows IP Configuration
Ethernet adapter 本地连接:
        Connection-specific DNS Suffix  . :
        Description . . . . . . . . . . . : Realtek RTL8139/810x Family Fast Eth
ernet NIC
        Physical Address. . . . . . . . . : 00-0A-E6-E9-1D-34
        Dhcp Enabled. . . . . . . . . . . : Yes
        IP Address. . . . . . . . . . . . : 192.168.1.12
        Subnet Mask . . . . . . . . . . . : 255.255.255.0
        Default Gateway . . . . . . . . . : 192.168.1.1
        DHCP Server . . . . . . . . . . . : 192.168.1.11
        DNS Servers . . . . . . . . . . . : 192.168.1.2
202.96.64.68
Lease Obtained . . . . . . . . . . . . :2008 年 7 月 28 日 16:15:18
Lease Expires . . . . . . . . . . . . .:2008 年 8 月 1 日 16:15:18

C:\>
```

图8-12　用DOS命令ipconfig/all查看IP配置

客户端PC通过DHCP服务器（IP为192.168.1.11）自动分配了一个IP为192.168.1.12，并自动设置了子网掩码、网关、DNS的IP，还标注了IP租约期限。

如果客户端没有自动获得IP地址配置，检查用户PC的网络硬件连接，可使用DOS命令ipconfig/renew，重新请求获得IP地址，或者重新启动系统再试试。

2. Linux用户客户端

对于Linux用户，可以使用图形方式设置，设置方法与Windows系统的设置相似；或者使用文本命令方式，修改网络连接的配置文件来设置通过DHCP服务器自动获取IP。

例如，管理员的PC安装了Fedora Core 4，使用文本命令修改配置文件来设置，参考步骤如下。

1）编辑以太网卡的配置文件ifcfg-eth0。找到文件/etc/sysconfig/network-scripts/ ifcfg-eth0，只修改其内容中的语句“BOOTPROTO=none”，修改为“BOOTPROTO=dhcp”即可。

2）重新启动网卡。在系统的文本方式下，输入下面命令：

```
[root@Fedora ~]# ifconfig eth0 down; ifconfig eth0 up
```

结果如图8-13所示。

```
[root@Fedora ~]# ifconfig eth0 down; ifconfig eth0 up
正在确定 eth0 的 IP 信息……完成
```

图8-13 重新启动网卡

3）查看自动获得IP地址的配置。在系统的文本方式下，输入下面命令：

```
[root@Fedora ~]# ifconfig eth0
```

结果如图8-14所示。

```
[root@Fedora ~]# ifconfig eth0
eth0        Link encap:Ethernet   HWaddr 00:15:F0:65:AA:37
            inet addr:192.168.1.158   Bcast:192.168.1.255
Mask:255.255.255.0
            inet6 addr: fe80::20c:29ff:fed8:41d9/64 Scope:Link
            UP BROADCAST RUNNING MULTICAST   MTU:1500
Metric:1
            RX packets:1504 errors:0 dropped:0 overruns:0 frame:0
            TX packets:574 errors:0 dropped:0 overruns:0 carrier:0
            collisions:0 txqueuelen:0
            RX bytes:429468 (419.4 KiB)   TX bytes:136029 (132.8 KiB)
[root@localhost ~]#
```

图8-14 查看自动获得IP地址的配置

这里显示的结果是管理员的PC，被分配的IP地址为192.168.1.158，因为管理员的PC的MAC地址00:15:F0:65:AA:37在DHCP服务器上被绑定到这个地址。

查看网关配置，使用命令：

```
[root@localhost ~]# route
```

如图8-15所示，获得网关地址为192.168.1.1。

```
[root@localhost ~]# route
Kernel IP routing table
Destination     Gateway         Genmask         Flags Metric Ref    Use Iface
192.168.1.0     *               255.255.255.0   U     0      0        0 eth0
default         192.168.1.1     0.0.0.0         UG    0      0        0 eth0
[root@localhost ~]#
```

图8-15　查看自动获得的网关IP地址

查看DNS配置，使用命令：

```
[root@localhost ~]# cat /etc/resolv.conf
```

结果如图8-16所示。

```
[root@localhost ~]# cat /etc/resolv.conf
; generated by /sbin/dhclient-script
nameserver 192.168.1.2
nameserver 202.96.64.68
```

图8-16　查看DNS的IP地址

8.3　任务2——实现多个子网的IP自动分配

8.3.1　需求分析

【任务情境】

某学校有300台计算机，分别在3个机房里，每个机房分别提供不同的教学任务，为了避免互相干扰，需要设置不同的IP网段，这些IP地址段、子网掩码和网关见表8-2。

表8-2　各子网的可用IP

各子网的可用IP地址段	子网掩码	该子网的网关
192.168.1.1~192.168.1.100	255.255.255.0	192.168.1.254
192.168.2.1~192.168.2.100	255.255.255.0	192.168.2.254
192.168.3.1~192.168.3.100	255.255.255.0	192.168.3.254

管理员安装了一台RHEL5操作系统的服务器，网络连接拓扑图如图8-17所示。该服务器安装了4块网卡，1块网卡（eth0）连接外部校园网（通过校园网连接Internet），IP地址为eth0:172.30.1.254；其他3块网卡分别连接3个内部子网，IP地址分别为eth1:192.168.1.254、eth2:192.168.2.254和eth3:192.168.3.254。校园网的DNS的 IP地址为202.118.66.6。为了访问Internet，管理员还配置了squid代理服务器。

以前，网络管理员给每台PC手工设置IP地址，由于每学期都需要重新安装PC的软件系统，每台PC都需要重新设置IP地址，虽然安装了硬盘保护还原卡，可以通过还原卡设置IP，但仍然觉得麻烦。现在决定采用DHCP服务器自动分配IP，提供网络内3个子网的用户主机自动配置IP服务。

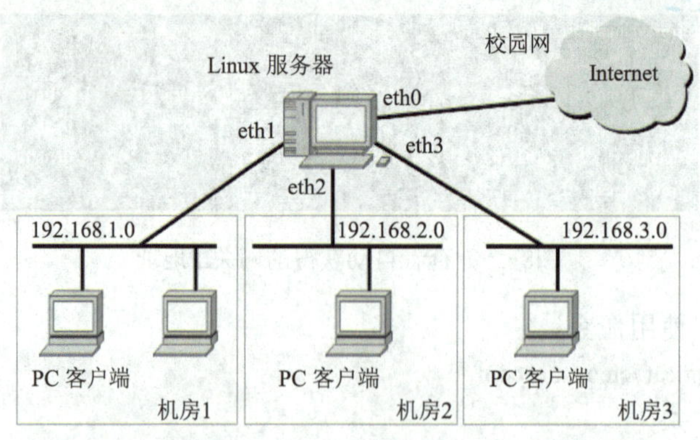

图8-17　机房各子网的连接

【任务分析】

实现本任务的关键是实现多个子网的IP自动分配。通常情况下，DHCP服务器只能通过广播形式提供一个子网的DHCP服务，不能跨子网自动分配IP，如果需要提供多个子网的IP自动分配，则需要配置DHCP中继代理服务。本任务需要在配置DHCP服务器的同时，配置DHCP中继代理服务。DHCP中继代理服务能够监听所有端口的DHCP请求，实现跨网段的DHCP服务。DHCP中继代理服务会在安装DHCP服务器同时一起安装，只需要简单的配置就可以使用。为了节省服务器，将DHCP和DHCP中继代理安装在同一台服务器上，设定DHCP服务器的IP为eth1:192.168.1.254，提供给子网192.168.1.0的主机自动分配IP，其他两个子网通过DHCP中继代理分配IP。

本任务只要求实现内部3个子网的DHCP服务，关于连接外部网络（校园网）的网卡eth0配置、NAT服务器配置和squid服务器配置等，请参考其他项目。

8.3.2　配置方案

在Linux服务器上安装、启动和配置DHCP服务器，并配置DHCP中继代理服务。

8.3.3　配置过程

1. 安装和配置DHCP服务器

安装和配置过程的大部分内容与任务1相同，主要区别是需要定义超级作用域。具体配置步骤请参考任务1。最终修改后的配置文件dhcpd.conf的内容如下：

```
ddns-update-style interim;
ignore client-updates;
#
# 定义超级作用域，名称为jfnet
shared-network jfnet {
option subnet-mask                    255.255.255.0;
option domain-name-servers            202.118.66.6;
```

```
option broadcast-address 192.168.1.255
default-lease-time 172800;
max-lease-time 345600;
#
# 设置第一个子网
subnet 192.168.1.0 netmask 255.255.255.0 {
      option routers        192.168.1.254;
      range 192.168.1.1 192.168.1.100;
      }
#
# 设置第二个子网
subnet 192.168.2.0 netmask 255.255.255.0 {
      option routers        192.168.2.254;
      range 192.168.2.1 192.168.2.100;
      }
#
# 设置第三个子网
subnet 192.168.3.0 netmask 255.255.255.0 {
      option routers        192.168.3.254;
      range 192.168.3.1 192.168.3.100;
      }
}
```

在超级作用域中的公共项对于每个子网（subnet）都起作用，如子网掩码、DNS地址、租约等。因为每个子网的网关和需要分配的地址池不同，需要放在每个子网内定义，即在subnet语句的{ }里。因设定DHCP默认为子网192.168.1.0提供服务，所以在超级作用域中设置广播地址为192.168.1.255。注意这里DNS的IP地址（202.118.66.6）为某校园网的DNS地址，在使用时需要用服务器所在的上网环境的实际DNS地址替换。

2. 配置DHCP中继代理服务

由于DHCP服务器在eth1连接的子网内，需要设置DHCP中继代理向eth2、eth3连接的子网提供DHCP服务。编辑DHCP中继代理的配置文件/etc/sysconfig/dhcrelay，找到“# Command line options here”，并按照表8-3修改。

表8-3　设置DHCP中继代理的配置文件

范文修改项	按需要修改后	功 能 说 明
INTERFACES=" "	INTERFACES="eth2 eth3"	提供中继服务的子网接口
DHCPSERVERS=" "	DHCPSERVERS="192.168.1.254 "	DHCP服务器IP地址

3. 启动DHCP服务

关于启动DHCP服务的详细步骤请参考任务1。

8.3.4 应用测试

使用PC客户端分别连接到每个子网，检查是否可以通过DHCP自动获得IP配置。详细步骤参考任务1。

8.4 任务3——通过路由器的DHCP中继代理实现跨网段的DHCP

8.4.1 需求分析

【任务情境】

某校园网建设完成初期，需要对网络进行测试，需要让学校的所有教工和学生免费接入校园网，协助测试。由于指定方式分配IP的工作量太大，决定采用DHCP服务器自动分配用户IP地址。校园网预计有2000个网络用户连接，为了限制广播域尺寸，将这些用户分别连接到校园网的多个VLAN里，使用10个子网的IP地址段。这些子网的可用IP地址段、子网掩码和网关见表8-4。

表8-4 各子网的可用IP

各子网的可用IP地址段	子网掩码	该子网的网关
172.16.1.11～172.16.1.239	255.255.255.0	172.16.1.1
172.16.2.11～172.16.2.239	255.255.255.0	172.16.2.1
172.16.3.11～172.16.3.239	255.255.255.0	172.16.3.1
…	…	…
172.16.10.11～172.16.10.239	255.255.255.0	172.16.10.1

测试使用的DHCP服务器安装了RHEL5操作系统，并连接到子网172.16.1.0，IP地址为172.16.1.5，子网掩码255.255.255.0。校园网的DNS的 IP为202.118.66.6。现在需要配置这台DHCP服务器，为网络内所有子网的用户主机自动配置IP地址。

【任务分析】

实现本任务的关键是实现多个子网的IP自动分配。由于VLAN的划分隔离了广播，DHCP服务器无法工作在多个VLAN中，局域网中的PC发出的DHCP地址请求也不能在多个VLAN中进行广播，这样也就无法在多个VLAN中实现DHCP的IP自动分配。如果使用任务2的方法，需要将每个网卡连接到相应的VLAN里，而且每增加一个VLAN，就得再安装一块网卡，再连接。这种连接和配置不仅非常复杂，而且找到一台能够安装10块网卡的服务器也很难。那么怎样才能有效解决这个问题呢？

一种简单的方法是在每一个VLAN中单独架设一台DHCP服务器，但是这样做会占用10台服务器，学校无法承担这些服务器的成本花费，而且不利于网络的统一管理和维护。

切实可行的方法是，通过网络设备路由器完成DHCP的中继代理服务。因为在校园网中实现VLAN之间访问使用了三层交换机（具有路由器功能），三层交换机支持DHCP中继代理服务，可通过配置三层交换机的DHCP中继代理服务实现，这样，在网络中只需要一台DHCP服务器，并设置多个作用域，即可通过三层交换机的DHCP中继代理，实现多个VLAN用户的DHCP服务。

网络连接与任务1的企业网相似，如图8-18所示，不同的是，核心交换机划分了VLAN，并设置DHCP中继代理服务。

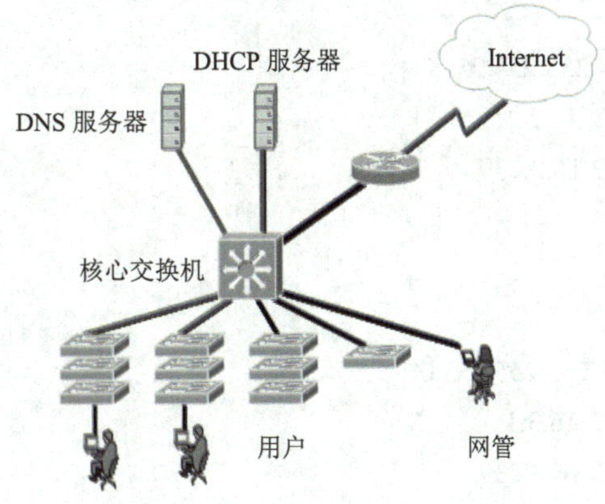

图8-18　校园网网络连接拓扑图

8.4.2　配置方案

在Linux服务器上安装、启动和配置DHCP服务器，配置每个作用域的IP地址池。在三层交换机上配置DHCP的中继代理服务。

8.4.3　配置过程

1．安装、配置DHCP服务器

将DHCP服务器主机连接到VLAN1，IP地址为172.16.1.5。DHCP服务器软件的安装和配置过程参考任务1，需要定义超级作用域，详细解释参考任务2。最终修改后的配置文件dhcpd.conf的内容如下：

```
ddns-update-style interim;
ignore client-updates;
#
# 定义超级作用域，名称为Campusnet
shared-network Campusnet {
option subnet-mask                255.255.255.0;
option domain-name-servers        202.118.66.6;
option broadcast-address 172.16.1.255
default-lease-time 172800;
max-lease-time 345600;
```

```
#
# 设置第一个子网VLAN1
subnet 172.16.1.0 netmask 255.255.255.0 {
       option routers        172.16.1.1;
       range  172.16.1.11 172.16.1.239;
       }
#
# 设置第二个子网
subnet 172.16.2.0 netmask 255.255.255.0 {
       option routers        172.16.2.1;
       range 172.16.2.11 172.16.2.239;
       }
#
# 设置第三个子网
subnet 172.16.3.0 netmask 255.255.255.0 {
       option routers        172.16.3.1;
       range 172.16.3.11 172.16.3.239;
       }
…      #注意，这里省略了第四个子网~第九个子网的配置。
#
# 设置第十个子网
subnet 172.16.10.0 netmask 255.255.255.0 {
       option routers        172.16.10.1;
       range 172.16.4.11 172.16.10.239;
       }
}
```

中间略掉的第四个子网～第九个子网的配置，用户可以自行添加上。

2．在三层交换机上配置DHCP中继代理服务

在需要提供DHCP服务的VLAN端口上开启DHCP中继代理服务，并实现VLAN之间的通信，具体配置参考设备厂商的配置指南，也可求助建设校园网的网络工程师协助配置。因为配置三层交换机属于网络工程技术的内容，不在本教程介绍，感兴趣的读者可参考设备厂商关于在三层交换机上配置DHCP中继代理服务的技术文档。

3．启动DHCP服务

请参考本项目的任务1。

8.4.4 应用测试

使用PC客户端分别连接到每个子网，检查是否可以通过DHCP自动获得IP配置。详细步骤请参考本项目的任务1。

8.5 拓展实验

某企业建立了内部网，IP地址范围192.168.1.2～192.168.1.254，网关为192.168.1.1，DNS为202.96.64.68。为了方便用户设置IP地址，需要配置一台DHCP服务器，并设置绑定一个用户主机IP地址为192.168.1.168。请在VM虚拟机上，模拟实现一个子网的DHCP服务。

本 章 小 结

本章介绍了在RHEL5系统上的DHCP服务器的安装、配置和测试使用的方法，通过项目案例介绍了如何实现IP地址的自动分配。本章还介绍了多个子网的DHCP服务的实现，关键是设置多个作用域和设置DHCP中继代理服务。

第9章

项目8——配置Mail服务器

📖 **职业能力目标：**

- 了解电子邮件的发展历史及工作原理
- 掌握邮件服务器的安装步骤和基本配置方法
- 掌握邮件服务器的SMTP认证机制的启用方法

9.1　Mail服务预备知识

电子邮件（Electronic mail，简称E-mail，标志：@，也被大家昵称为“伊妹儿”）又称电子信箱、电子邮政，它是一种用电子手段提供信息交换的通信方式。是Internet应用最广的服务：通过网络的电子邮件系统，用户可以用非常低廉的价格（不管发送到哪里，都只需负担电话费和网费即可），以非常快速的方式（几秒钟之内可以发送到世界上任何你指定的目的地），与世界上任何一个角落的网络用户联系。这些电子邮件可以是文字、图像、声音等各种方式。同时，用户可以得到大量免费的新闻、专题邮件，并实现轻松的信息搜索，这是任何传统的方式也无法相比的。正是由于电子邮件的使用简易、投递迅速、收费低廉，易于保存、全球畅通无阻，使得电子邮件被广泛地应用，它使人们的交流方式得到了极大的改变。另外，电子邮件还可以进行一对多的邮件传递，同一邮件可以一次发送给许多人。最重要的是，电子邮件是整个互连网以及所有其他网络系统中直接面向人与人之间信息交流的系统，它的数据发送方和接收方都是人，所以极大地满足了大量存在的人与人通信的需求。

电子邮件指用电子手段传送信件、单据、资料等信息的通信方法。电子邮件综合了电话通信和邮政信件的特点，它传送信息的速度和电话一样快，又能像信件一样使收信者在接收端收到文字记录。电子邮件系统又称基于计算机的邮件报文系统。它承担从邮件进入系统到邮件到达目的地为止的全部处理过程。电子邮件不仅可利用电话网络，而且可利用任何通信网传送。在利用电话网络时，还可利用其非高峰期间传送信息，这对于商业邮件具有特殊价值。由中央计算机和小型计算机控制的面向有限用户的电子系统可以看作是一种计算机会议系统。

电子邮件的工作过程遵循客户—服务器模式。每份电子邮件的发送都要涉及到发送方与接收方，发送方式构成客户端，而接收方构成服务器，服务器含有众多用户的电子信箱。发送方通过邮件客户程序，将编辑好的电子邮件向邮局服务器（SMTP服务器）发送。邮局服务器识别接收者的地址，并向管理该地址的邮件服务器（POP3服务器）发送消息。邮件服务器将消息存放在接收者的电子信箱内，并告知接收者有新邮件到来。接收者通过邮件客户程序连接到服务器后，就会看到服务器的通知，进而打开自己的电子信箱来查收邮件。

通常Internet上的个人用户不能直接接收电子邮件，而是通过申请ISP主机的一个电子信箱，由ISP主机负责电子邮件的接收。一旦有用户的电子邮件到来，ISP主机就将邮件移到用户的电子信箱内，并通知用户有新邮件。因此，当发送一条电子邮件给另一个客户时，电子邮件首先从用户计算机发送到ISP主机，再到Internet，再到收件人的ISP主机，最后到收件人的个人计算机。

ISP主机起着“邮局”的作用，管理着众多用户的电子信箱。每个用户的电子信箱实际上就是用户所申请的账号名。每个用户的电子邮件信箱都要占用ISP主机一定容量的硬盘空间，由于这一空间是有限的，因此用户要定期查收和阅读电子信箱中的邮件，以便腾出空间来接收新的邮件。

9.2 任务1——安装邮件服务器

9.2.1 需求分析

【任务情境】

在一个局域网中，搭建一个环境，模拟邮件的工作过程。配置一台DNS服务器，负责维护两个区域的解析工作。选用两台Linux服务器，作为模拟邮件收发的服务器，一台IP地址为192.168.124.128，子网掩码为255.255.255.0，另外一台IP地址为192.168.124.129，子网掩码为255.255.255.0，网管工作站是Windows XP系统，IP为192.168.124.1，子网掩码为255.255.255.0。在邮件服务器上安装mail软件包postfix。

【任务分析】

分别在两台邮件服务器上安装mail软件包postfix。由于Linux系统中提供两个邮件服务器软件sendmail和postfix。在安装postfix之前，先确认sendmail是否存在于系统之中，若存在，则先停止sendmail，再安装postfix；若不存在，则直接安装postfix。安装方式选项比较简便常用的RPM方式，安装结束后查看服务器软件运行状态。

9.2.2 配置方案

Mail服务器安装包只有一个：

- postfix：mail服务器软件。

该软件可以到http://www.postfix.org下载最新版本，也可以利用Redhat Enterprise Linux光盘中的RPM包来安装。这里采用光盘方式安装RPM软件包。

安装步骤如下：

1）建立挂载点，挂载光驱。

2）查看系统中sendmail软件包的运行情况。

3）安装mail服务器软件包postfix。

4）测试postfix的运行状态。

9.2.3 配置过程

具体配置步骤：

1）在文本模式下，以“root”身份登录到Linux系统。

2）进入到Red Hat Enterprise Linux DVD光盘中的Server目录，命令如下。

```
[root@localhost ~]#mkdir /mnt/cdrom
[root@localhost ~]#mount /dev/cdrom /mnt/cdrom
[root@localhost ~]#cd /mnt/cdrom/Server/
```

3）查找光盘中提供的postfix安装所需的RPM软件包，命令如下。

```
[root@localhost Server]# ls postfix*
```

系统列出了下面两个RPM软件包，如图9-1所示。这里postfix是邮件服务的主程序，postfix-pflogsumm是邮件日志分析工具。

```
[root@localhost Server]# ls postfix*
postfix-2.3.3-2.i386.rpm  postfix-pflogsumm-2.3.3-2.i386.rpm
```

图9-1 postfix相关软件包

4）查看系统已安装的软件包信息。

```
[root@localhost Server]#rpm –qa postfix
[root@localhost Server]#rpm –qa sendmail
```

红帽企业版安装光盘中提供两种邮件服务器软件包sendmail和postfix。其中系统默认安装了sendmail软件，没有安装postfix软件。如图9-2所示。

```
[root@localhost ~]# rpm -qa postfix
[root@localhost ~]# rpm -qa sendmail
sendmail-8.13.8-2.el5
```

图9-2 系统中postfix和sendmail软件包安装情况

5）关闭sendmail服务。查看系统中是否存在sendmail服务的进程，若存在，则首先关闭sendmail服务。执行下列命令完成查询并关闭sendmail服务，操作结果如图9-3所示。

```
[root@localhost Server]#ps aux | grep sendmail
[root@localhost Server]#service sendmail stop
```

```
[root@localhost Server]# ps aux |grep sendmail
root      2280  0.0  0.3   8996  1840 ?        Ss   01:36   0:00 sendmail: accepting connecti
smmsp     2288  0.0  0.2   8056  1480 ?        Ss   01:36   0:00 sendmail: Queue runner@01:00:
 /var/spool/clientmqueue
root      2805  0.0  0.1   4628   708 pts/0    R+   01:54   0:00 grep sendmail
[root@localhost Server]# service sendmail stop
关闭 sm-client: [确定]
关闭 sendmail: [确定]
```

图9-3 查询并关闭sendmail服务

6）安装postfix软件包。

```
[root@localhost Server]#rpm –ivh postfix-2.3.3-2.i386.rpm
```

安装过程如图9-4所示。

```
[root@localhost Server]# rpm -ivh postfix-2.3.3-2.i386.rpm
warning: postfix-2.3.3-2.i386.rpm: Header V3 DSA signature: NOKEY, key ID 37017186
Preparing...                ########################################### [100%]
   1:postfix                ########################################### [100%]
```

图9-4 安装postfix软件包

7）启动、重启、关闭postfix服务。

```
[root@localhost Server]#service postfix start
[root@localhost Server]#service postfix stop
[root@localhost Server]#service postfix restart
```

注意

在Postfix软件中，"service postfix start"命令也可以用"/etc/rc.d/init.d/postfix start"这种方式进行调用，其中"start"可以换成"stop"、"restart"、"reload"、"status"分别表示停止服务、重新启动服务、重新载入配置文件、查看服务状态。

9.2.4 应用测试

1）启动postfix服务器，并查看其运行状态，命令如下。

```
[root@localhost Server]# service postfix start
```

运行成功，会看到如图9-5所示界面。

```
[root@localhost Server]# service postfix start
启动 postfix:  [确定]
```

图9-5 postfix服务的启动界面

看到"确定"，表示启动成功。接下来，还可以用查看服务器的运行状态，命令如下。

```
[root@localhost Server]# service postfix status
```

系统会提示postfix服务的进程名称为master，当前系统的pid为2983，状态为正在运行，如图9-6所示。

```
[root@localhost Server]# service postfix status
master (pid 2983) 正在运行...
```

图9-6 postfix服务的工作状态

2）查看postfix服务器占用端口情况，命令如下，结果如图9-7所示。

```
[root@localhost Server]# netstat -tnl
```

```
[root@localhost Server]# netstat -tnl
Active Internet connections (only servers)
Proto Recv-Q Send-Q Local Address               Foreign Address             State
tcp        0      0 0.0.0.0:619                 0.0.0.0:*                   LISTEN
tcp        0      0 0.0.0.0:111                 0.0.0.0:*                   LISTEN
tcp        0      0 127.0.0.1:25                0.0.0.0:*                   LISTEN
tcp        0      0 :::80                       :::*                        LISTEN
tcp        0      0 :::22                       :::*                        LISTEN
```

图9-7 postfix服务占用的端口

执行netstat命令通过参数tnl，将所有当前系统运行的TCP协议的端口列出来，这里会看到25端口为"listen"状态，端口25是简单邮件传输协议（SMTP）的默认端口号。

3）设定开机自动启动postfix服务器，命令如下。

```
[root@localhost Server]# chkconfig --level 3 postfix on
[root@localhost Server]# chkconfig --list |grep postfix
```

如图9-8所示，配置postfix服务在level3为启用，即开机自动启动。

```
[root@localhost Server]# chkconfig --level 3 postfix on
[root@localhost Server]# chkconfig --list postfix
postfix          0:关闭  1:关闭  2:关闭  3:启用  4:关闭  5:关闭  6:关闭
```

图9-8　配置postfix服务开机自动启动

9.3　任务2——邮件服务器的基础配置

9.3.1　需求分析

【任务情境】

为了确保mail服务器正常工作，首先要配置DNS服务器，创建收发邮件的两个区域，并添加mx记录。这里设定一台服务器的域名为mail.abc.com，对应IP地址为192.168.124.128，子网掩码为255.255.255.0，另外一台服务器的域名为mail.xyz.com，IP地址为192.168.124.129，子网掩码为255.255.255.0。

【任务分析】

DNS域名解析的工作不需要单独配置一台服务器，可以配置在任意一台邮件服务器上，这里选用192.168.124.128这台服务器配置DNS服务。对两台服务器分别指定域名服务器为192.168.124.128，同时按照任务需求，编辑postfix配置文件，完成邮件服务器的配置。

9.3.2　配置方案

在DNS服务器中，创建两个区域abc.com和xyz.com。其中区域abc.com中的mail主机的A记录指向192.168.124.128；区域xyz.com中的mail主机的A记录指向192.168.124.129。并将"nameserver 192.168.124.128"这段代码添加到这两台服务器的/etc/resolv.conf文件中，完成指定域名服务器的工作。最后是按照需求编辑postfix的配置文件。

具体配置步骤如下：

1）配置DNS服务器，创建两个区域，各自包含MX邮件资源记录。

2）为每台服务器指定DNS服务器。

3）按照需求编辑postfix配置文件。

9.3.3　配置过程

具体配置步骤：

1）DNS相关配置：这里选用其中一台服务器作为DNS服务器，编辑named.conf文件，添加两个区域，这里添加区域abc.com和xyz.com，具体代码如下。

```
zone "abc.com" {
        type master;
        file "abc.com.zone";
};
zone "xyz.com" {
        type master;
        file "xyz.com.zone";
};
```

在DNS的/var/named/chroot/var/named目录下创建两个文件“abc.com.zone”、“xyz.com.zone”。

编辑“abc.com.zone”，输入如下代码。

```
$TTL 86400
@        IN      SOA     abc.com.        root.abc.com. (
         2008072004;serial
         28800      ;refresh
         14400      ;retry
         86400      ;expire
         86400)     ;minimum
@                IN      NS      dns.abc.com.
@                IN      MX  10  mail.abc.com.
dns.abc.com.     IN      A       192.168.124.128
mail.abc.com.    IN      A       192.168.124.128
pop3             IN      CNAME   mail
smtp             IN      CNAME   mail
```

编辑“xyz.com.zone”，输入如下代码。

```
$TTL 86400
@        IN      SOA     xyz.com.        root.xyz.com. (
         2008072004;serial
         28800      ;refresh
         14400      ;retry
         86400      ;expire
         86400)     ;minimum
@                IN      NS      dns.xyz.com.
@                IN      MX  10  mail.xyz.com.
dns.xyz.com.     IN      A       192.168.124.128
mail.xyz.com.    IN      A       192.168.124.129
pop3             IN      CNAME   mail
smtp             IN      CNAME   mail
```

这里设定两个区域的NS记录都最终指向192.168.124.128，表明192.168.124.128这台服务器负责维护这两个区域，即由这个IP上做域名解析服务。区域“abc.com”的MX记录指向192.168.124.128，表明192.168.124.128这个服务器作为区域“abc.com”的邮件服务器，区域“xyz.com”的MX记录指向192.168.124.129，表明192.168.124.129这个服务器作为区域“xyz.com”的邮件服务器。

2）修改服务器的resolv.conf文件，指定系统的DNS服务器。

```
[root@localhost ~]#echo "nameserver 192.168.124.128" > /etc/resolv.conf
```

为了让两台服务器能够识别自己创建的区域abc.com和xyz.com，这里修改两台服务器的DNS服务器为192.168.124.128。可以通过执行上面的命令，完成操作。

3）编辑postfix配置文件。postfix的主配置文件位于/etc/postfix/main.cf，表9-1列出了编辑该配置文件的主要参数。

表9-1　postfix主配置文件中的主要参数说明

参数名称	说明
myhostname	设置邮件主机的主机名
mydomain	设置邮件主机的域名
myorigin	设置由本机寄出的邮件所使用的域名
inet_interfaces	设置postfix监听的网络接口
mydestination	设置可接收邮件的主机名称
mynetworks_style	设置可转发邮件网络的方式
mynetworks	设置可转发邮件的网络地址
relay_domains	设置可转发邮件的域名

根据任务的需求对两台服务器分别配置，编辑192.168.124.128主机中的配置文件，添加如下代码。

```
inet_interfaces = all
mydestination = $mydomain,$myhostname
mydomain = abc.com
myhostname = mail.abc.com
mynetworks = 192.168.124.0/24
mynetworks_style = subnet
myorigin = $mydomain
relay_domains = abc.com,xyz.com
```

这里配置postfix在所有端口监听，配置区域名为“abc.com”，主机名称“mail.abc.com”，转发192.168.124.0网络的邮件，转发“abc.com”、“xyz.com”两个区域的邮件。

编辑192.168.124.129主机中的配置文件，添加如下代码。

```
inet_interfaces = all
mydestination = $mydomain,$myhostname
mydomain = xyz.com
myhostname = mail.xyz.com
```

```
mynetworks = 192.168.124.0/24
mynetworks_style = subnet
myorigin = $mydomain
relay_domains = abc.com,xyz.com
```

这里配置postfix在所有端口监听，配置区域名为“xyz.com”，主机名称“mail.xyz.com”、转发192.168.124.0网络的邮件，转发“abc.com”、“xyz.com”两个区域的邮件。

9.3.4 应用测试

1）验证DNS配置结果。使用host命令检查DNS的配置结果，具体采用如下几条命令，结果如图9-9所示。

```
[root@localhost ~]# host dns.abc.com
[root@localhost ~]# host dns.xyz.com
[root@localhost ~]# host mail.abc.com
[root@localhost ~]# host mail.xyz.com
[root@localhost ~]# host –t mx abc.com
[root@localhost ~]# host –t mx xyz.com
```

```
[root@localhost ~]# host dns.abc.com
dns.abc.com has address 192.168.124.128
[root@localhost ~]# host dns.xyz.com
dns.xyz.com has address 192.168.124.128
[root@localhost ~]# host mail.abc.com
mail.abc.com has address 192.168.124.128
[root@localhost ~]# host mail.xyz.com
mail.xyz.com has address 192.168.124.129
[root@localhost ~]# host -t mx abc.com
abc.com mail is handled by 10 mail.abc.com.
[root@localhost ~]# host -t mx xyz.com
xyz.com mail is handled by 10 mail.xyz.com.
```

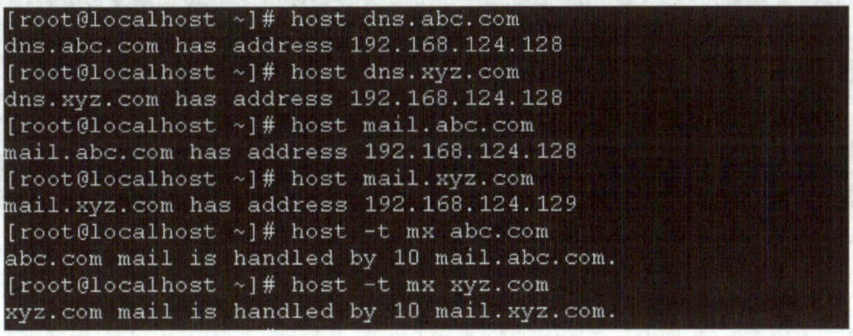

图9-9 DNS的配置结果

这里两个区域的dns主机都指向192.168.124.128，区域“abc.com”的mail主机指向192.168.124.128，区域“xyz.com”的mail主机指向192.168.124.129。

2）测试邮件服务器工作情况。首先在各自服务器上创建一个测试用户，这里以mail+区域名命名。如在区域abc的邮件服务器上创建一个用户“mailabc”。

```
[root@localhost ~]# useradd mailabc
[root@localhost ~]# passwd mailabc
```

在区域xyz的邮件服务器上创建一个用户“mailxyz”。

```
[root@localhost ~]# useradd mailxyz
[root@localhost ~]# passwd mailxyz
```

现在尝试由mailabc@abc.com发信给mailxyz@xyz.com，在“abc.com”的邮件服务器上切换到mailabc用户。

```
[root@localhost ~]# su - mailabc
```

即切换到mailabc的环境下，执行下面的命令，完成发信操作。

```
[mailabc@localhost ~]$ echo "from abc.com" | mail -s "from abc" mailxyz@xyz.com
```

可以切换回root用户，输入命令“postqueue -p”查看系统当前有哪些邮件排在队列中。如果显示如图9-10所示，则表明系统缓冲队列中暂时没有邮件，所有的邮件均已发送完毕。

```
[root@localhost ~]# postqueue -p
Mail queue is empty
```

图9-10　查看邮件缓冲队列

邮件发送到目的地后，普通邮件以文本格式保存在目的地，发往mailxyz@xyz.com的邮件，保存在/var/spool/mail/mailxyz文件中，用下面的命令查看该文件。

```
[root@localhost ~]# vi /var/spool/mail/mailxyz
```

结果如图9-11所示，表明已经成功发送了邮件。

```
From mailabc@localhost.localdomain  Wed Nov 19 05:07:40 2008
Return-Path: <mailabc@localhost.localdomain>
X-Original-To: mailxyz@xyz.com
Delivered-To: mailxyz@xyz.com
Received: from mail.abc.com (unknown [192.168.124.128])
        by mail.xyz.com (Postfix) with ESMTP id E7C209C73C
        for <mailxyz@xyz.com>; Wed, 19 Nov 2008 05:07:39 +0800 (CST)
Received: from localhost.localdomain (localhost.localdomain [127.0.0.1])
        by mail.abc.com (Postfix) with ESMTP id A34B384495
        for <mailxyz@xyz.com>; Wed, 19 Nov 2008 17:38:03 +0800 (CST)
Received: (from mailabc@localhost)
        by localhost.localdomain (8.13.8/8.13.8/Submit) id mAJ9c3s6002974
        for mailxyz@xyz.com; Wed, 19 Nov 2008 17:38:03 +0800
Date: Wed, 19 Nov 2008 17:38:03 +0800
From: mailabc@localhost.localdomain
Message-Id: <200811190938.mAJ9c3s6002974@localhost.localdomain>
To: mailxyz@xyz.com
Subject: from abc

from abc.com
```

图9-11　设定DNS服务器

9.4　任务3——邮件服务器SMTP认证的配置

9.4.1　需求分析

【任务情境】

基本的SMTP协议没有验证用户身份的能力。虽然邮件的发信者地址已经隐含了发信者的身份，但发信者的身份很容易伪造，所以不能作为验证身份的凭据。如果任何人都可以通过邮件服务器转发邮件，那么这台邮件服务器就会变成垃圾邮件的中转站，网络带宽会很快被耗尽。为了判断发信者是否有权使用邮件服务器，服务器必须确认发信者的真实身份。分别对两台邮件服务器进行配置，确保两台邮件服务器启用SMTP认证功能。

【任务分析】

目前，比较常用的SMTP认证功能是通过CyrusSASL软件包来实现的。分别在两台服务器上安装CyrusSASL软件包，设置密码验证方法，配置postfix启用SMTP认证功能，最终测试CyrusSASL的认证功能。

9.4.2 配置方案

完成SMTP认证功能需要安装的软件包只有一个：

➢ cyrus-sasl：cyrus-sasl为应用程序提供认证函数库。应用程序可以通过函数库所提供的功能定义认证方式，并让sasl通过与邮件服务器的沟通从而提供SMTP认证的功能。

该软件可以到http://cyrusimap.web.cmu.edu/下载最新版本，也可以利用Redhat Enterprise Linux光盘中的RPM包来安装。这里采用光盘方式安装RPM软件包。

安装配置步骤如下：

1）安装cyrus-sasl软件包。

2）设置sasl密码验证的方式。

3）配置postfix启用SMTP认证功能。

4）验证SMTP的认证功能。

9.4.3 配置过程

1）安装cyrus-sasl软件包。在文本模式下，以“root”身份登录到Linux系统。

执行下列命令，查看系统中是否已安装cyrus-sasl软件。

```
[root@localhost ~]#rpm –qa cyrus-sasl
```

由于系统默认安装了sendmail软件包，会默认安装与之相关的cyrus-sasl软件包。如图9-12所示表明系统已经安装了cyrus-sasl软件包，不需要额外安装。

```
[root@localhost ~]# rpm -qa cyrus-sasl
cyrus-sasl-2.1.22-4
```

图9-12 查询系统中是否安装cyrus-sasl软件包

2）设置密码验证方法。Cyrus-sasl使用saslauthd这个守护进程进行密码认证，而密码认证的方法有很多种，可以使用下面的命令查看当前系统中所支持的密码验证方式。

```
[root@localhost ~]#saslauthd -v
```

如图9-13所示，系统当前可以使用getpwent、kerberos5、pam、rimap、shadow和ldap六种认证方式，本任务希望选用最简单的shadow方式认证，需要修改/etc/sysconfig/saslauthd文件中的“MECH”参数，使其值为shadow，这样saslauthd守护进程就会直接读取/etc/shadow中的用户名及密码进行认证。

```
[root@localhost ~]# saslauthd -v
saslauthd 2.1.22
authentication mechanisms: getpwent kerberos5 pam rimap shadow ldap
```

图9-13 saslauthd支持的密码验证方式

修改后的格式如下。

```
MECH=shadow
```

3）设置postfix启用sasl认证。默认情况下，postfix没有启用SMTP认证机制。要配置postfix启用sasl认证，需要对postfix的主配置文件/etc/postfix/main.cf进行修改。表9-2

列出了跟SMTP配置相关的主要参数。

表9-2 SMTP配置相关的参数说明

参 数 名 称	说 明
smtpd_sasl_auth_enable	设置邮件主机支持SMTP认证机制
smtpd_sasl_security_options	设置邮件主机的安全选项
broken_sasl_auth_clients	设置是否兼容非标准的SMTP认证
smtpd_recipient_restrictions	设置收件人的限制条件
smtpd_client_restrictions	设置发件人的限制条件

编辑主配置文件，在配置文件的尾部添加如下代码。

```
smtpd_sasl_auth_enable = yes
smtpd_sasl_security_options = noanonymous
broken_sasl_auth_clients = yes
smtpd_recipient_restrictions = permit_mynetworks,
        permit_sasl_authenticated, reject_unauth_destination
smtpd_client_restrictions = permit_sasl_authenticated
```

上述代码所表示的意思依次为启用sasl认证机制，取消匿名登录功能，兼容非标准的SMTP认证，收件人的限制条件及发件人的限制条件。

9.4.4 应用测试

1）重新载入postfix配置文件。

```
[root@localhost ~]#service postfix reload
```

2）测试saslauthd认证机制。首先启动saslauthd进程，通过执行下面命令可以完成启动saslauthd服务。

```
[root@localhost ~]#service saslauthd start
```

通过下面的命令查看saslauthd服务的运行情况。

```
[root@localhost ~]#ps –axu |grep saslauthd
```

效果如图9-14所示。系统当前有5个saslauthd进程，saslauthd认证的方式为shadow方式。

```
[root@localhost ~]# ps -axu |grep saslauthd
Warning: bad syntax, perhaps a bogus '-'? See /usr/share/doc/procps-3.2.7/FA
Q
root      2970  1.0  0.0   5488   476 ?        Ss   13:13   0:00 /usr/sbin/s
aslauthd -m /var/run/saslauthd -a shadow
root      2971  0.0  0.0   5488   268 ?        S    13:13   0:00 /usr/sbin/s
aslauthd -m /var/run/saslauthd -a shadow
root      2972  0.0  0.0   5488   264 ?        S    13:13   0:00 /usr/sbin/s
aslauthd -m /var/run/saslauthd -a shadow
root      2974  0.0  0.0   5488   264 ?        S    13:13   0:00 /usr/sbin/s
aslauthd -m /var/run/saslauthd -a shadow
root      2975  0.0  0.0   5488   264 ?        S    13:13   0:00 /usr/sbin/s
aslauthd -m /var/run/saslauthd -a shadow
root      2977  0.0  0.1   4628   712 pts/0    R+   13:13   0:00 grep saslau
thd
```

图9-14 saslauthd服务的运行情况

接下来测试saslauthd的认证机制，通过执行“testsaslauthd”命令进行测试。

```
[root@localhost ~]#testsaslauthd –u mailabc –p ‘123456’
```

这里“mailabc”为系统中的一个用户，“123456”为该用户的密码，执行结果如图9-15所示，表示saslauthd的shadow认证机制已启用。

```
[root@localhost ~]# testsaslauthd -u mailabc -p '123456'
0: OK "Success."
```

图9-15 测试saslauthd的认证功能

3）测试postfix是否启用了SMTP认证机制。通过之前的配置，postfix已经启用了SMTP认证机制，这里采用telnet命令连接到postfix服务器的25端口来进行测试，命令如下。

```
[root@localhost ~]#telnet mail.abc.com 25
```

登录到postfix服务器后，通过“EHLO”命令向“xyz.com”区域发送消息，结果如图9-16所示，图中矩形区域表明postfix服务器已经启用了SMTP认证机制。

```
[root@localhost ~]# telnet mail.abc.com 25
Trying 192.168.124.128...
Connected to mail.abc.com (192.168.124.128).
Escape character is '^]'.
220 mail.abc.com ESMTP Postfix
EHLO xyz.com
250-mail.abc.com
250-PIPELINING
250-SIZE 10240000
250-VRFY
250-ETRN
250-AUTH CRAM-MD5 DIGEST-MD5 PLAIN LOGIN GSSAPI NTLM
250-AUTH=CRAM-MD5 DIGEST-MD5 PLAIN LOGIN GSSAPI NTLM
250-ENHANCEDSTATUSCODES
250-8BITMIME
250 DSN
quit
221 2.0.0 Bye
Connection closed by foreign host.
```

图9-16 测试postfix是否启用SMTP认证机制

9.5 拓展实验

通过任务2的配置，实现了将一封邮件发送给一位收件人的功能，但有时候需要将同一封邮件同时发送给一组收件人，尝试使用用户别名机制完成邮件的群发功能，即发送给某个用户别名的邮件会转发到多个真实的用户邮箱中。

本章小结

本章介绍了在Linux系统平台上搭建邮件服务器的基本配置过程，完成了邮件服务器的安装、邮件服务器的基础配置，并且实现了SMTP认证机制。由于搭建一台完整的邮件服务器，涉及内容较多，配置较为复杂，如果配置不当，服务器极易受到网络黑客的攻击，降低服务器的安全性，因此不建议初学者手动配置邮件服务器。

第10章

项目9——配置Samba服务器

📖 **职业能力目标：**

- 能够架设Samba服务器，实现基本的文件和打印共享
- 针对复杂的多用户共享需求可以提供解决方案

10.1　Samba服务预备知识

在当前的园区网或企业网当中，多种操作系统并存是一件很平常的事情。其中以Linux和Windows系统并存居多。那么我们就面临这样一个问题：如何在Linux和Windows系统之间共享网络资源？架设“Samba服务器”是诸多方法中比较常用的一种方式。

1．Samba简介

Samba是一套让UNIX系统能够应用Microsoft网络通信协议的软件。它使执行UNIX系统的计算机能与执行Windows系统的计算机分享驱动器与打印机。Samba属于GNU Public License（简称GPL）的软件；因此，你可以合法且免费地使用它。什么是SMB？SMB（Server Message Block）通信协议是微软（Microsoft）和英特尔（Intel）在1987年制定的协议，主要是作为Microsoft 网络的通信协议，而Samba则是将SMB协议搬到UNIX上来应用。Samba的核心是SMB（Server Message Block）协议。SMB协议是客户机/服务器型协议，客户机通过该协议可以访问服务器上的共享文件系统、打印机及其他资源。通过“NetBIOS over TCP/IP”使得Samba不但能与局域网络主机分享资源，更能与全世界的计算机分享资源；因为互联网上千千万万的主机所使用的通信协议就是TCP/IP。

简单理解，如果我们在Linux主机上安装了Samba服务后，就可以在Windows的网络邻居上看到Linux主机，进而就可以方便的在Linux和Windows之间实现资源共享了。Samba的应用环境如图10-1所示。

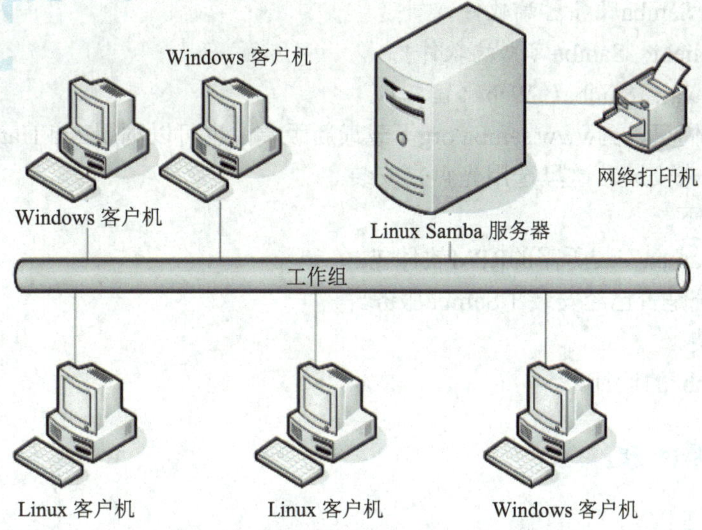

图10-1 Samba服务器网络环境

2. Samba的主要功能

1）提供Windows风格的文件和打印机共享。

2）提供使用者登入 SAMBA 主机时的身份认证，以提供不同身份者的个别数据。

3）支持Windows客户网上邻居浏览。

4）支持WINS名字服务器解析及浏览。

10.2 任务1——Samba服务的安装

10.2.1 需求分析

【任务情境】

在一个局域网中，一台Linux服务器IP地址为192.168.1.254，子网掩码为255.255.255.0，网管工作站是Windows XP系统，IP为192.168.1.95，子网掩码为255.255.255.0。由于工作需要，两台机器经常要进行文件共享互传。原先的做法是在Linux上开FTP服务进行上传和下载，现想改成利用Samba服务实现两台主机间的文件共享问题。

【任务分析】

首先要在Linux系统中安装Samba服务器及其相关的组件，安装方式选择比较简便、常用的RPM方式，要保证服务在默认配置下正常运行。

10.2.2 配置方案

采用RPM安装方式，Samba安装包有如下几个：

- samba-common：包括Samba服务器和客户均需要的公共文件。
- samba：Samba服务器端软件。
- samba-client：Samba客户端软件。
- samba-swat：Samba的Web配置工具。

以上软件我们可以到www.samba.org下载最新版本，也可以利用Red Hat Enterprise Linux光盘中的RPM包来安装。这里选用光盘来安装。

安装步骤如下：

1）准备好Samba安装所需的RPM软件包。

2）检测系统是否已经安装了Samba服务。

3）开始安装。

4）测试Samba的运行。

10.2.3 配置过程

具体配置步骤：

1）在文本模式下，以"root"身份登录到Linux系统。

2）进入到Redhat Enterprise Linux DVD光盘中的Server目录，命令如下。

```
[root@rhel5 ~]#cd /media/RHEL_5.2\ i386\ DVD/Server/
[root@rhel5 Server]#
```

3）查找Samba服务器安装所需的RPM软件包，命令如下。

```
[root@rhel5 Server]# ls samba*
```

系统列出了下面4个RPM软件包，如图10-2所示。其中，最后一个"samba-swat-3.0.28-0. el5.8.i386.rpm"不做安装，很少用它在Web下配置Samba，"Webmin"会更好用些！

```
[root@rhel5 Server]# ls samba*
samba-3.0.28-0.el5.8.i386.rpm          samba-common-3.0.28-0.el5.8.i386.rpm
samba-client-3.0.28-0.el5.8.i386.rpm   samba-swat-3.0.28-0.el5.8.i386.rpm
[root@rhel5 Server]#
```

图10-2　Samba所需的RPM软件包

4）查看系统是否已经安装了Samba服务器，命令如下。

```
[root@rhel5 Server]# rpm -qa|grep samba
```

红帽企业版5.2默认没有安装Samba服务器，但是由于"samba-common-3.0.28-0.el5.8.i386.rpm"这个包是图形界面Gnome运行所需要的，所以系统会提示"当前已经安装了samba-common-3.0.28-0.el5.8.i386.rpm"，如图10-3所示。

```
[root@rhel5 Server]# rpm -qa|grep samba
samba-common-3.0.28-0.el5.8
[root@rhel5 Server]#
```

图10-3　查看系统Samba的安装情况

5）安装了Samba服务器，只需安装两个RPM包就可以了，命令如下。

```
[root@rhel5 Server]# rpm -ivh samba-3.0.28-0.el5.8.i386.rpm
[root@rhel5 Server]# rpm -ivh samba-client-3.0.28-0.el5.8.i386.rpm
```

如果安装命令执行成功，屏幕提示如图10-4、图10-5所示。

```
[root@rhel5 Server]# rpm -ivh samba-3.0.28-0.el5.8.i386.rpm
warning: samba-3.0.28-0.el5.8.i386.rpm: Header V3 DSA signature: NOKEY, key ID 3
7017186
Preparing...                ########################################### [100%]
   1:samba                  ########################################### [100%]
[root@rhel5 Server]#
```

图10-4　Samba服务器的安装

```
[root@rhel5 Server]# rpm -ivh samba-client-3.0.28-0.el5.8.i386.rpm
warning: samba-client-3.0.28-0.el5.8.i386.rpm: Header V3 DSA signature: NOKEY, k
ey ID 37017186
Preparing...                ########################################### [100%]
   1:samba-client           ########################################### [100%]
[root@rhel5 Server]#
```

图10-5　Samba客户端的安装

10.2.4　应用测试

1）查看系统已安装的Samba服务器组件，命令如下。

```
[root@rhel5 Server]# rpm -qa|grep samba
```

如果看到了刚刚安装的软件包，表示安装完成，如图10-6所示。

```
[root@rhel5 Server]# rpm -qa|grep samba
samba-3.0.28-0.el5.8
samba-common-3.0.28-0.el5.8
samba-client-3.0.28-0.el5.8
[root@rhel5 Server]#
```

图10-6　系统已安装的Samba组件

2）启动Samba服务器，并查看其运行状态，命令如下。

```
[root@rhel5 Server]# /etc/rc.d/init.d/smb start
```

运行成功，会看到如图10-7所示的界面。

```
[root@rhel5 Server]# /etc/rc.d/init.d/smb start
启动 SMB 服务:                                            [确定]
启动 NMB 服务:                                            [确定]
[root@rhel5 Server]#
```

图10-7　启动Samba界面

看到“确定”，表示启动成功。接下来，还可以查看服务器的运行状态，命令如下。

```
[root@rhel5 Server]# /etc/rc.d/init.d/smb status
```

系统会提示Samba服务的两个进程“smbd”和“nmbd”正在运行，如图10-8所示。

```
[root@rhel5 Server]# /etc/rc.d/init.d/smb status
smbd (pid 5159 5154) 正在运行...
nmbd (pid 5157) 正在运行...
[root@rhel5 Server]#
```

图10-8　Samba的运行状态

“smbd”进程监听139 TCP端口，负责处理到来的SMB数据包，为使用该软件包的资源与Linux进行协商。“nmbd”进程监听137和138 UDP端口，负责使其他主机能浏览Linux服务器。

注意

“/etc/rc.d/init.d/smb”命令后面还可以加“stop”表示停止服务，加“restart”表示重新启动服务。

10.3 任务2——Samba服务的文件共享

10.3.1 需求分析

【任务情境】

基于安全方面的考虑，需要对安装好的Samba服务器进行配置，实现访问共享资源时需要提供账号和密码进行身份确认，并且Linux上的Samba服务器只允许192.168.1.0网段访问。

【任务分析】

Samba服务配置中的许多安全选项可以满足用户对网络安全的需求，设置Samba安全级别为user，即可以实现账号和口令访问，同时需要我们对用户和目录的访问权限做相应的设置。

10.3.2 配置方案

1）准备工作：在Linux服务器上安装好Samba服务，IP及子网掩码按要求配置。

2）在Linux主机建立共享给Windows用户的目录。

3）添加访问Linux共享目录的账户和密码。

4）配置Samba服务，实现共享目录的发布。

5）启动Samba服务。

10.3.3 配置过程

配置步骤如下：

1）在/home目录下建立“shareforwin”目录，并创建测试文件“linuxfile”，命令如下。

```
[root@rhel5 ~]#cd /home
[root@rhel5 home]#mkdir shareforwin
[root@rhel5 home]#touch linuxfile
```

2）添加访问Linux共享目录的账号“smbuser1”并设置密码“123456”，命令如下。

```
[root@rhel5 home]# useradd smbuser1
[root@rhel5 home]# passwd smbuser1
```

设置密码时会要求输入两次以确认，如图10-9所示。

```
[root@rhel5 home]# useradd smbuser1
[root@rhel5 home]# passwd smbuser1
Changing password for user smbuser1.
New UNIX password:
BAD PASSWORD: it is too simplistic/systematic
Retype new UNIX password:
passwd: all authentication tokens updated successfully.
[root@rhel5 home]#
```

图10-9　添加账号和密码界面

3）修改共享目录的“所有者”为我们建立的新用户，命令如下。

```
[root@rhel5 home]# chown smbuser1 shareforwin
[root@rhel5 home]# ll
```

查看目录权限，会发现“shareforwin”的“所有者”已经改成了“smbuser1”，如图10-10所示。

```
[root@rhel5 home]# chown smbuser1 shareforwin
[root@rhel5 home]# ll
总计 24
drwxr-xr-x  2 smbuser1 root      4096 08-14 07:21 shareforwin
```

图10-10　修改共享目录所有者

注意

只有在本地系统“smbuser”用户对“shareforwin”目录有操作权限，才能够在smb里配置相应的读写权限，否则没有意义。例如：该用户在本地系统对目录没有写权限，而在smb中配置成可以写，这是不可能实现的。

4）在Samba中也要添加同样的账号和密码，两者要保持同步，命令如下。

```
[root@rhel5 home]# smbpasswd -a smbuser1
```

注意

执行smbpasswd命令输入的密码是用户使用Samba的密码，并非本地用户登录Linux的密码。

5）备份Samba的配置文件/etc/samba/smb.conf后进行修改，发布共享目录，命令如下。

```
[root@rhel5 home]# cp /etc/samba/smb.conf /etc/samba/smb.conf.bk
[root@rhel5 home]# vi /etc/samba/smb.conf
```

smb.conf文件的结构是安节组织的，所谓的节在文件中用“[ ]”标识。在文件中可以看到“[Global]、[Printers]、[Homes]”等节，其含义见表10-1。

表10-1 smb.conf文件中的节

名　称	说　明
[Global]	用于定义全局参数和默认值
[Printers]	用于定义打印机共享
[Homes]	用于定义用户的家目录共享
[Userdefined_ShareName]	用户自定义共享（可有多个）

以下对smb.conf的修改，都是在各节中设置。

1）[Global]节。

```
workgroup = Workgroup            #设置成Windows网上邻居中工作组的名称
server string = Samba Server     #设置该Samba服务器的主机名称
hosts allow = 192.168.1.         #只允许192.168.1.0/24网段访问
security = user                  #设置Samba安全级别为user，即以账号和口令访问
```

2）在文件末尾添加自定义节[shareforwin]。

```
[shareforwin]
  comment=smbuser1's share       #Windows网上邻居中看到的共享目录的名字
  path=/home/shareforwin         #共享目录的位置
  public=no                      #不公开共享
  writable=yes                   #共享目录可以读写
  valid users=smbuser1           #只允许smbuser1用户访问
```

3）保持设置，退出vi，用命令testparm检查配置文件的正确性，命令如下。

```
[root@rhel5 home]# testparm
```

加载smb.conf开始检查，最后会显示用户的配置和所有的Samba默认配置，如图10-11所示。

```
[root@rhel5 shareforwin]# testparm
Load smb config files from /etc/samba/smb.conf
Processing section "[shareforwin]"
Processing section "[printers]"
Loaded services file OK.
Server role: ROLE_STANDALONE
Press enter to see a dump of your service definitions

[global]
        server string = samba server
        passdb backend = tdbsam
        hosts allow = 192.168.1.
        cups options = raw

[shareforwin]
        comment = smbuser1's share
        path = /home/shareforwin
        write list = smbuser1

[printers]
        comment = All Printers
        path = /var/spool/samba
        printable = Yes
        browseable = No
[root@rhel5 shareforwin]#
```

图10-11 testparm检查smb.conf语法界面

如果提示错误，回到步骤2）修改配置，直到testparm检查通过。

4）运行Samba服务，命令如下。

```
[root@rhel5 home]# /etc/rc.d/init.d/smd start
```

启动成功，将看到如图10-12所示的界面。

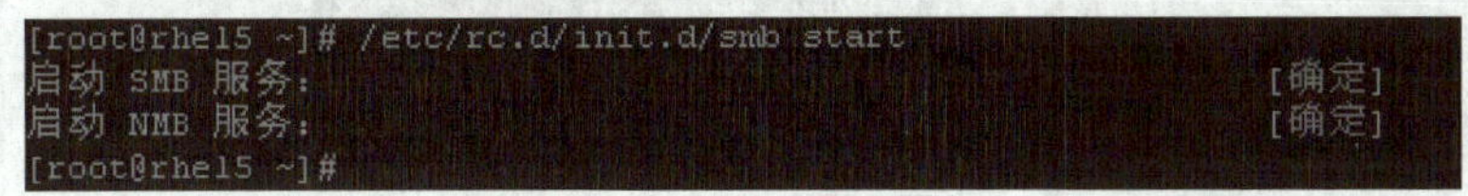

图10-12 Samba启动成功

10.3.4 应用测试

由于Samba服务实现了跨平台文件的共享，所以测试Samba应该在Windows和Linux两个平台上分别进行。

1. Windows访问Linux上的共享文件

1）登录到Windows XP系统中，打开“网上邻居”，点击“查看工作组计算机”，“Workgroup”工作组窗口被打开，如图10-13所示。

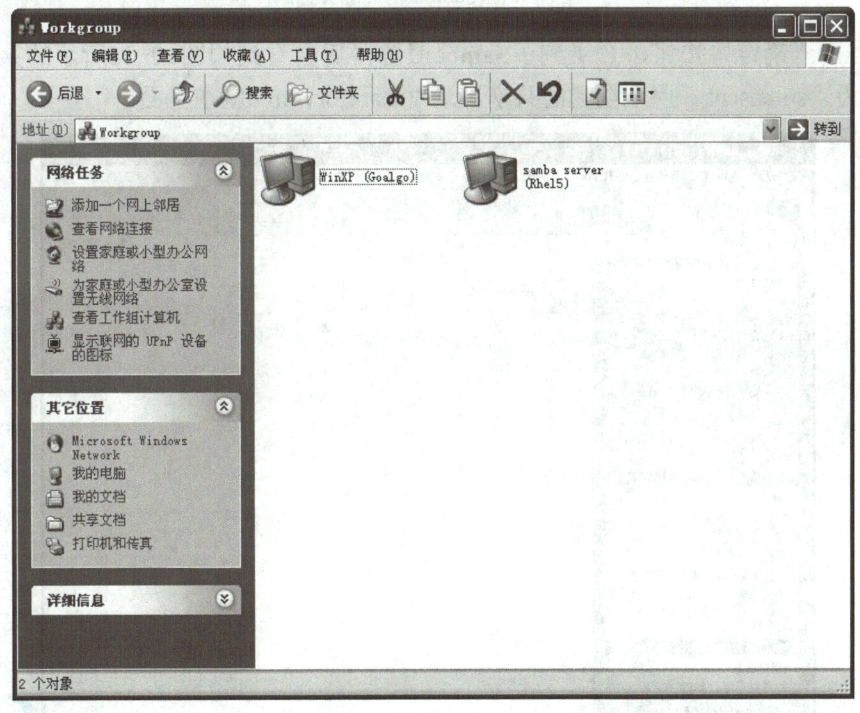

图10-13 Workgroup窗口

窗口中，可看到两个成员，分别为Windows平台成员计算机和Linux平台的Samba服务器。

2）双击“Samba Server（Rhel5）”图标，进入如图10-14所示的Samba的登录界面，要求输入用户账号和密码，输入新创建的“smbuser1”账号和密码“123456”。

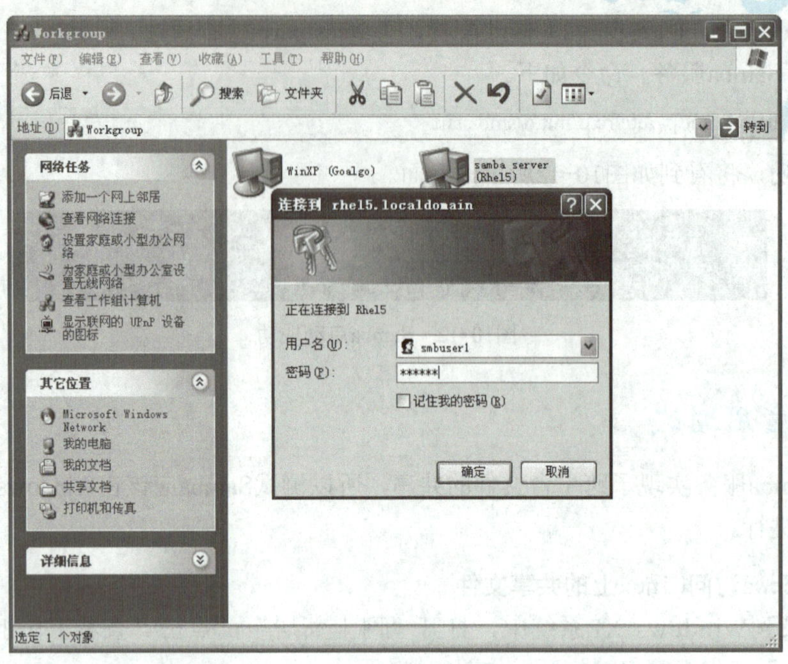

图10-14　Samba用户登录窗口

3）点击“确定”按钮，登录到了Samba服务器后会看到如图10-15所示的共享浏览窗口，我们为“smbuser1”用户创建的共享目录“shareforwin”就在里面。

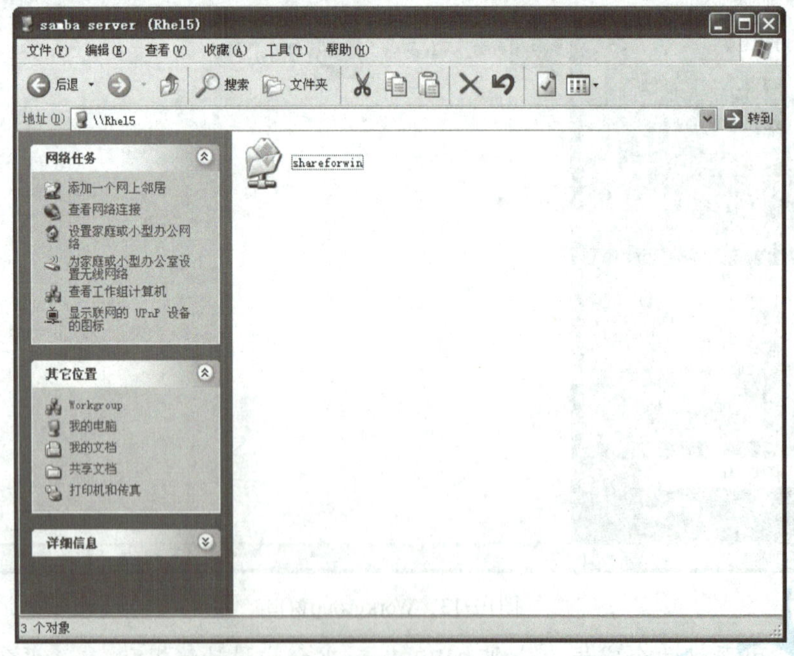

图10-15　Samba上的共享目录浏览窗口

4）双击“shareforwin”图标，在打开的如图10-16所示的窗口中，“linuxfile”文件就是在Linux平台上共享的资源文件，Windows用户就可以跨平台访问了。

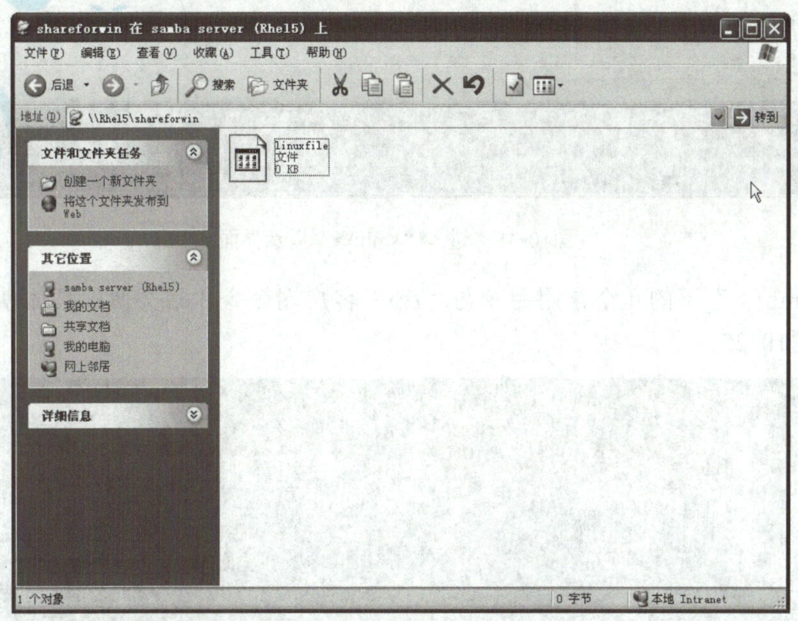

图10-16　shareforwin里的文件

2. Linux访问Windows上的共享文件

1）登录到Linux系统中，用“smbclient”命令访问Windows系统上的共享文件。我们来查看一下“192.168.1.95”这台Windows主机上为“administrator”用户提供了哪些共享，命令如下。

```
[root@rhel5 ~]# smbclient -L //192.168.1.95 -U administrator
```

系统提示如图10-17所示，输入Windows的“administrator”用户的密码，就可以查看Windows上的共享文件了。

```
[root@rhel5 ~]# smbclient -L //192.168.1.95 -U administrator
Password:
Domain=[GOALGO] OS=[Windows 5.1] Server=[Windows 2000 LAN Manager]

        Sharename       Type      Comment
        ---------       ----      -------
        IPC$            IPC       远程 IPC
        共享文档        Disk
        shareforlinux   Disk
session request to 192.168.1.95 failed (Called name not present)
session request to 192 failed (Called name not present)
Domain=[GOALGO] OS=[Windows 5.1] Server=[Windows 2000 LAN Manager]

        Server               Comment
        ---------            -------

        Workgroup            Master
        ---------            -------
[root@rhel5 ~]#
```

图10-17　Linux下smbclient浏览Windows下的共享资源

2）接下来，以“administrator”用户身份访问“192.168.1.95”上的“shareforlinux”共享目录，命令如下。

```
[root@rhel5 ~]# smbclient  //192.168.1.95/shareforlinux -U administrator
```

输入Windows的“administrator”用户的密码，就可以进入如图10-18所示“smbclient”命令行界面。

```
[root@rhel5 ~]# smbclient //192.168.1.95/shareforlinux -U administrator
Password:
Domain=[GOALGO] OS=[Windows 5.1] Server=[Windows 2000 LAN Manager]
smb: \>
```

图10-18 进入“smb:\>”提示界面

3）“smb:\>”下的几个常用命令与“ftp”客户端命令非常类似，具体使用可以参考图10-19～图10-25。

```
smb: \> ?
?               altname         archive         blocksize       cancel
case_sensitive  cd              chmod           chown           close
del             dir             du              exit            get
getfacl         hardlink        help            history         lcd
link            lock            lowercase       ls              mask
md              mget            mkdir           more            mput
newer           open            posix           posix_open      posix_mkdir
posix_rmdir     posix_unlink    print           prompt          put
pwd             q               queue           quit            rd
recurse         reget           rename          reput           rm
rmdir           showacls        setmode         stat            symlink
tar             tarmode         translate       unlock          volume
vuid            wdel            logon           listconnect     showconnect
!
smb: \>
```

图10-19 显示可用命令

```
smb: \> pwd
Current directory is \\192.168.1.95\shareforlinux\
smb: \>
```

图10-20 显示当前路径

```
smb: \> dir
  .                                   D        0  Tue Apr 15 09:36:54 2008
  ..                                  D        0  Tue Apr 15 09:36:54 2008
  winfile.txt                         A        0  Sun Aug 17 23:38:34 2008

                39995 blocks of size 1048576. 5588 blocks available
smb: \>
```

图10-21 显示当前路径下的文件

```
smb: \> get winfile.txt
getting file \winfile.txt of size 0 as winfile.txt (0.0 kb/s) (average 0.0 kb/s)
smb: \>
```

图10-22 从Windows下载文件winfile到Linux

```
smb: \> !ls
abc.test  anaconda-ks.cfg  Desktop  install.log  install.log.syslog  winfile.txt
```

图10-23 下载成功

```
smb: \> put install.log
putting file install.log as \install.log (783.7 kb/s) (average 783.7 kb/s)
smb: \>
```

图10-24 上传install.log到Windows

```
smb: \> dir
  .                                   D        0  Tue Apr 15 09:36:54 2008
  ..                                  D        0  Tue Apr 15 09:36:54 2008
  winfile.txt                         A        0  Sun Aug 17 23:38:34 2008
  install.log                         A    28891  Tue Aug 19 15:58:08 2008
```

图10-25 上传成功

10.4 任务3——Samba服务的打印共享

10.4.1 需求分析

【任务情境】

10.3节中的两台机器已经通过Samba实现了跨平台共享文件，在Linux主机上安装了网络上唯一的一台打印机，现在需要利用Samba的打印共享功能，将打印机共享给另一台Windows主机，使其能够通过网络跨平台访问Linux上的打印机。

【任务分析】

打印共享是Samba的主要功能。首先要保证打印设备的本地打印功能，然后通过Samba配置文件中打印共享的相关选项即可以实现打印机的跨平台访问。

10.4.2 配置方案

1）确认Linux上的打印机安装正确，并设置“共享”。

2）配置Samba服务器实现打印共享。

10.4.3 配置过程

配置步骤如下：

1）将打印机链接并添加到Linux主机上，并设置打印机属性为“共享”。

2）修改Samba的主配置文件，保证各节中包含如下配置。

```
[Global]
  load printers = yes                    # 加载打印机配置文件
  printing = cups                        # 设置打印系统类型为cups
      printcap name = /etc/printcap      # 设置打印机配置文件路径
 [printers]
   comment = All Printers                # 打印机的说明
   path = /var/spool/samba               # 打印队列目录
   browseable = no                       # 存放打印机的临时文件不可读
   public = yes                          # 允许每个人打印
   writalbe = no                         # 不可写入
   printable = yes                       # 用户可以打印
```

```
printer admin = root                    # 打印机管理员为root
```

3）保存对smb.conf的修改，重启Samba服务。

10.4.4 应用测试

配置好Samba打印机共享之后，可以在Windows的网上邻居上访问该打印机。双击图10-26中的共享打印机“printer”，在弹出的如图10-27窗口中确认安装此打印机的驱动就可以了。当然，也可以通过添加网络打印机的方式来访问共享打印机。

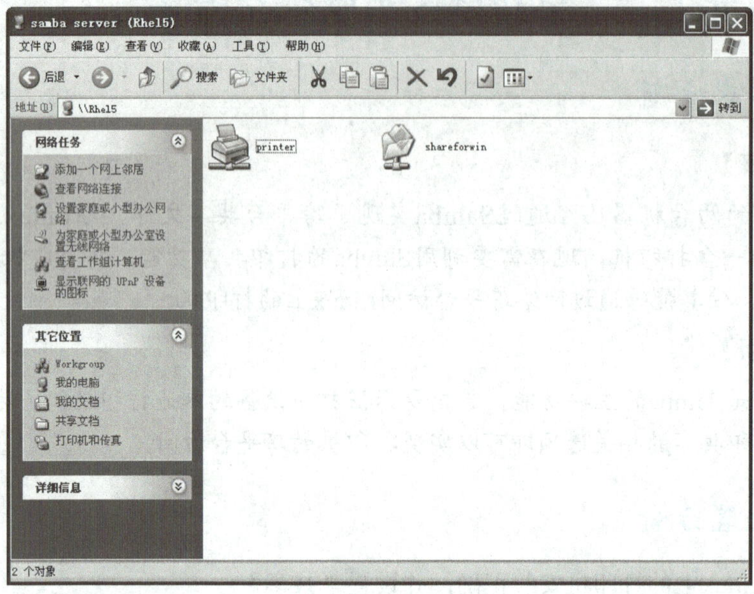

图10-26　浏览共享打印机

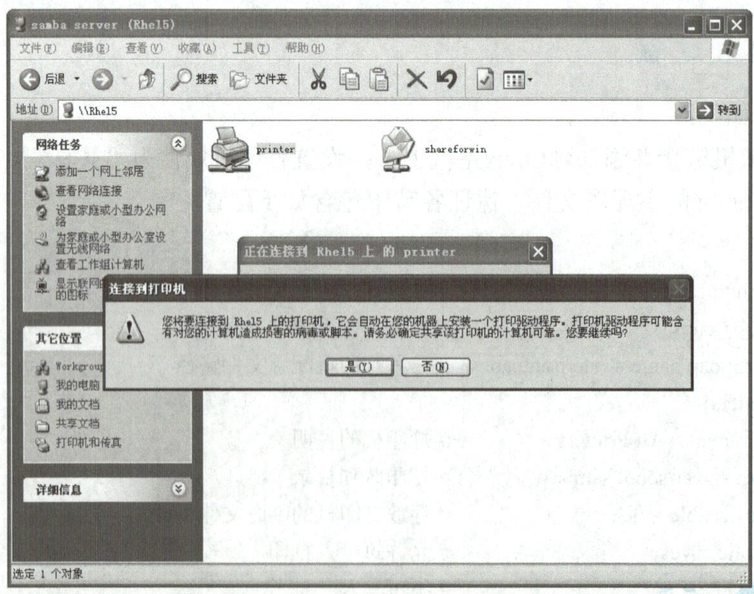

图10-27　安装Windows下的打印驱动

10.5　拓展实验

在网络中架设一台Samba服务器，设置1个共享文件夹，3个用户分别对其具有的访问权限是：读写、只读、无权限。设置实现与该服务器相连的打印机可以被这3个用户通过网络访问。

本章小结

本章实现了Linux平台Samba服务器主要功能——文件共享和打印共享。文件共享重点要掌握不同用户访问权限的设置方法。Samba下的打印共享在实际的网络中经常能够遇到，设置的时候要注意在Windows上一定要安装该打印机对应的驱动程序。

第11章

项目10——架设MySQL数据库服务器

职业能力目标：

- 掌握配置MySQL服务器的操作过程
- 熟练数据库插入、更新、查询等常用操作

11.1 MySQL预备知识

1. 什么是数据库？

数据库（Database，DB）就是经过计算机整理的、存储在一个或多个文件中的、有组织的、可共享的数据集合。数据库中的数据按照一定的数据模型组织和存储，具有较高的数据独立性，便于数据的管理、检索和共享。在当今的信息时代，海量的数据如果没有数据库的管理，其后果是无法想象的。

2. 什么是SQL？

SQL全称是“结构化查询语言（Structured Query Language）”，最早的是IBM的圣约瑟研究实验室为其关系数据库管理系统SYSTEM R开发的一种查询语言，它的前身是SQUARE语言。SQL语言结构简洁，功能强大，简单易学，所以自从IBM公司1981年推出以来，SQL语言，得到了广泛的应用。如今无论是像Oracle、Sybase、Informix、SQL server这些大型的数据库管理系统，还是像Visual Foxpro、PowerBuilder这些计算机上常用的数据库开发系统，都支持SQL语言作为查询语言。

SQL是高级的非过程化编程语言，允许用户在高层数据结构上工作。他不要求用户指定对数据的存放方法，也不需要用户了解具体的数据存放方式，所以具有完全不同底层结构的不同数据库系统可以使用相同的SQL语言作为数据输入与管理的接口。它以记录集合作为操纵对象，所有SQL语句接受集合作为输入，返回集合作为输出，这种集合特性允许一条SQL语句的输出作为另一条SQL语句的输入，所以SQL语言可以嵌套，这使它具有极大的灵活性和强大的功能。在多数情况下，在其他语言中需要一大段程序实现的一个单独事件只需要一个SQL语句就可以达到目的，这也意味着用SQL语言可以写出非常复杂的语句。

SQL语言包含4个部分：

- 数据查询语言（SELECT语句）
- 数据操纵语言（INSERT、UPDATE、DELETE语句）

> ➢ 数据定义语言（如CREATE、DROP等语句）
> ➢ 数据控制语言（如COMMIT、ROLLBACK等语句）

3．常见的数据库管理系统

目前有许多数据库产品，如Oracle、Sybase、Informix、Microsoft SQL Server、Microsoft Access、Visual FoxPro等产品各以自己特有的功能，在数据库市场上占有一席之地。下面简要介绍几种常用的数据库管理系统。

（1）Oracle　Oracle是一个最早商品化的关系型数据库管理系统，也是应用广泛、功能强大的数据库管理系统。Oracle作为一个通用的数据库管理系统，不仅具有完整的数据管理功能，还是一个分布式数据库系统，支持各种分布式功能，特别是支持Internet应用。作为一个应用开发环境，Oracle提供了一套界面友好、功能齐全的数据库开发工具。Oracle使用PL/SQL语言执行各种操作，具有可开放性、可移植性、可伸缩性等功能。特别是在Oracle 8i中，支持面向对象的功能，如支持类、方法、属性等，使得Oracle产品成为一种对象/关系型数据库管理系统。

（2）Microsoft SQL Server　Microsoft SQL Server是一种典型的关系型数据库管理系统，可以在许多操作系统上运行，它使用Transact-SQL语言完成数据操作。由于Microsoft SQL Server是开放式的系统，其他系统可以与它进行完好的交互操作。它具有可靠性、可伸缩性、可用性、可管理性等特点，为用户提供完整的数据库解决方案。

（3）Microsoft Access　作为Microsoft Office组件之一的Microsoft Access是在Windows环境下非常流行的桌面型数据库管理系统。使用Microsoft Access无需编写任何代码，只需通过直观的可视化操作就可以完成大部分数据管理任务。在Microsoft Access数据库中，包括许多组成数据库的基本要素。这些要素是存储信息的表、显示人机交互界面的窗体、有效检索数据的查询、信息输出载体的报表、提高应用效率的宏、功能强大的模块工具等。它不仅可以通过ODBC与其他数据库相连，实现数据交换和共享，还可以与Word、Excel等办公软件进行数据交换和共享，并且通过对象链接与嵌入技术在数据库中嵌入和链接声音、图像等多媒体数据。

（4）MySQL　MySQL 是一个真正的多用户、多线程SQL数据库服务器，它是一个客户机/服务器结构的实现。MySQL是现在流行的关系数据库中的一种，相比其他的数据库管理系统（DBMS）来说，MySQL具有小巧、功能齐全、查询迅捷等优点。MySQL主要目标是快速、健壮和易用。关键的是它是免费的，可以在MySQL的官方网站是：http://www.mysql.com上免费下载到，并可免费使用。MySQL对于一般中小型，甚至大型应用都能够胜任。

Red Hat Enterprise Linux提供了两种数据库系统，本章我们选择其中较为常用的MySQL完成数据库服务器的搭建，并且在此基础上学习数据库的日常管理和维护方法。

11.2　任务1——MySQL服务的安装

11.2.1　需求分析

【任务情境】

某网站搭建BBS论坛，后台数据库为MySQL，需要管理员为其配置MySQL数据库服务器。

【任务分析】

综合考虑数据库服务器的成本和安全可靠性，我们选择在Linux平台下安装MySQL5.0的免费版本。安装方式同样选择比较简便的RPM方式。

11.2.2 配置方案

采用RPM安装方式，MySQL的安装包有如下几个：

- mysql-5.0.45-7.el5：MySQL的客户端程序和一些共享库文件。
- mysql-server-5.0.45-7.el5：MySQL服务器和相关的文件。
- mysql-devel-5.0.45-7.el5：用来开发MySQL程序的文件。

以上软件可以到http://www.mysql.com下载最新版本，也可以利用Red Hat Enterprise Linux光盘中的RPM包来安装。这里用光盘来安装。

安装步骤如下：

1）准备好MySQL安装所需的RPM软件包。

2）检测系统是否已经安装了MySQL服务。

3）开始安装。

4）测试MySQL的运行。

11.2.3 配置过程

具体配置步骤：

1）在文本模式下，以“root”身份登录到Linux系统。

2）进入到Red Hat Enterprise Linux DVD光盘中的Server目录，命令如下。

```
[root@rhel5 ~]# cd /media/RHEL_5.2\ i386\ DVD/Server/
[root@rhel5 Server]#
```

3）安装MySQL-5.0.45-7.el5和mysql-devel-5.0.45-7.el5，相关命令及执行结果如图11-1所示。

```
[root@rhel5 Server]# ls mysql*
mysql-5.0.45-7.el5.i386.rpm                mysql-devel-5.0.45-7.el5.i386.rpm
mysql-bench-5.0.45-7.el5.i386.rpm          mysql-server-5.0.45-7.el5.i386.rpm
mysql-connector-odbc-3.51.12-2.2.i386.rpm  mysql-test-5.0.45-7.el5.i386.rpm
[root@rhel5 Server]# rpm -ivh mysql-5.0.45-7.el5.i386.rpm
Preparing...                ########################################### [100%]
   1:mysql                  ########################################### [100%]
[root@rhel5 Server]#
[root@rhel5 Server]# rpm -ivh mysql-devel-5.0.45-7.el5.i386.rpm
Preparing...                ########################################### [100%]
   1:mysql-devel            ########################################### [100%]
[root@rhel5 Server]#
```

图11-1　安装mysql-5.0.45-7.el5和mysql-devel-5.0.45-7.el5包

4）解决安装MySQL依赖的问题，安装所需的RPM包，如图11-2所示。

```
[root@rhel5 Server]# rpm -ivh perl-DBD-MySQL-3.0007-1.fc6.i386.rpm
Preparing...                ########################################### [100%]
   1:perl-DBD-MySQL         ########################################### [100%]
[root@rhel5 Server]#
```

图11-2　安装perl-DBD-Mysl软件包安装

5）安装MySQL-server-5.0.45-7.el5，相关命令及执行结果如图11-3所示。

```
[root@rhel5 Server]# rpm -ivh mysql-server-5.0.45-7.el5.i386.rpm
Preparing...                ########################################### [100%]
   1:mysql-server           ########################################### [100%]
[root@rhel5 Server]#
```

图11-3　安装MySQL-server-5.0.45-7.el5软件包安装

11.2.4　应用测试

1）查看系统是否已经安装了MySQL服务器，命令如下。

```
[root@rhel5 Server]# rpm -qa|grep mysql
```

如果安装成功会看到如图11-4所示的信息。

```
[root@rhel5 Server]# rpm -qa|grep mysql
mysql-server-5.0.45-7.el5
mysql-5.0.45-7.el5
mysql-devel-5.0.45-7.el5
[root@rhel5 Server]#
```

图11-4　查看MySQL的安装情况

2）启动Samba服务器，并查看其运行状态，命令如下。

```
[root@rhel5 Server]# /etc/rc.d/init.d/mysqld start
```

运行成功，会看到如图11-5所示界面。

```
[root@rhel5 Server]# /etc/rc.d/init.d/mysqld start
启动 MySQL:                                                [确定]
[root@rhel5 Server]#
```

图11-5　启动MySQL界面

看到“确定”，表示启动成功。接下来，还可以查看服务器的运行状态，命令如下。

```
[root@rhel5 Server]# /etc/rc.d/init.d/mysqld status
```

系统会提示MySQL服务的进程“mysqld”正在运行，如图11-6所示。

```
[root@rhel5 Server]# /etc/rc.d/init.d/mysqld status
mysqld (pid 14324) 正在运行...
[root@rhel5 Server]
```

图11-6　MySQL的运行状态

注意

“/etc/rc.d/init.d/mysqld”命令后面还可以加“stop”表示停止服务，加“restart”表示重新启动服务。

11.3　任务2——MySQL命令模式配置和使用

11.3.1　需求分析

在已安装的MySQL服务器中创建bbs数据库，创建用户表user，包含6个字段，见

表11-1。

表11-1　用户注册信息表users

字段名称	是否为主明	是否允许为空	数据类型	字段含义
Id	是	否	int	用户编码
Username	否	否	varchar(50)	用户名
Password	否	否	varchar(50)	密码
Email	否	否	varchar(50)	邮箱
Regtime	否	是	datetime	注册时间

录入2条测试数据，最后把数据库备份到/home/bbsdata目录下。

11.3.2　配置方案

1）准备工作：在Linux服务器上安装好MySQL服务，保证其正常运行。

2）给MySQL的root用户添加密码。

3）创建数据库。

4）在数据库中创建新表。

5）插入测试数据。

6）数据库备份。

11.3.3　配置过程

配置步骤如下：

1）登录到Linux服务器，启动MySQL服务，命令如下。

```
[root@rhel5 ~]#[root@rhel5 ~]# /etc/rc.d/init.d/mysqld start
```

2）MySQL服务默认管理员用户“root”没有密码，为了安全起见，要首先为“root”用户添加密码，命令如下。

```
[root@rhel5 ~]# mysql                    #登录mysql的客户端
```

由于安装默认root密码为空，所以可以用不用密码直接登录的MySQL的客户端，如图11-7所示。

```
[root@rhel5 ~]# mysql
Welcome to the MySQL monitor.  Commands end with ; or \g.
Your MySQL connection id is 41
Server version: 5.0.45 Source distribution

Type 'help;' or '\h' for help. Type '\c' to clear the buffer.

mysql>
```

图11-7　登录MySQL客户端

修改管理员账号“root”密码，命令及执行效果如图11-8所示。

```
mysql> use mysql #选择数据库
Database changed
mysql> UPDATE user SET password=PASSWORD('newpassword') WHERE user='root';
Query OK, 0 rows affected (0.00 sec)                #修改root用户密码
Rows matched: 3  Changed: 0  Warnings: 0

mysql> flush privileges; #更新权限设置
Query OK, 0 rows affected (0.00 sec)

mysql>
```

图11-8　MySQL管理员密码的修改

3）创建bbs数据库，在“mysql>”命令如下。

```
mysql> create database bbs;
```

注意

在“mysql>”提示符下输入命令，除“use”外均以“；”结尾。

创建完，可以用“show databases；”查看当前的数据库列表，如图11-9所示。

```
mysql> show databases;
+--------------------+
| Database           |
+--------------------+
| information_schema |
| bbs                |
| mysql              |
| test               |
+--------------------+
4 rows in set (0.03 sec)

mysql>
```

图11-9 查看数据库列表

4）选择bbs数据库，命令如下。

```
mysql> use bbs
```

5）创建用户表user，命令如下。

```
mysql> create table user
    -> (
    -> Id int not null primary key auto_increment,
    -> Username varchar(50) not null,
    -> Password varchar(50) not null,
    -> Email    varchar(50) not null,
    -> Regitime datetime
    -> );
```

创建完后，可以用“show tables；”查看bbs数据库中的表，如图11-10所示。

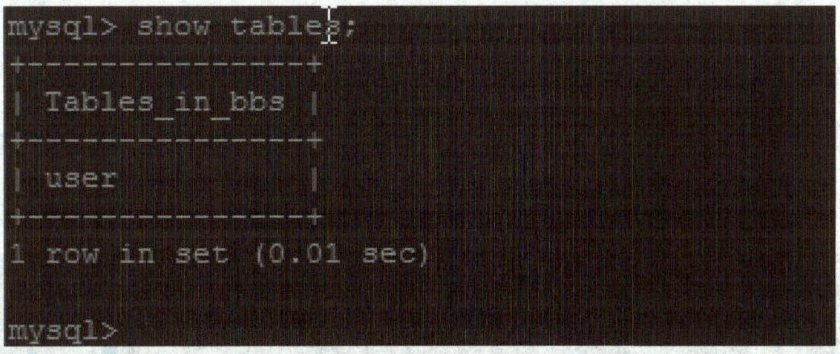

```
mysql> show tables;
+----------------+
| Tables_in_bbs  |
+----------------+
| user           |
+----------------+
1 row in set (0.01 sec)

mysql>
```

图11-10 查看bbs数据库中的表

还可以用“desc user；”查看user表的结构，如图11-11所示。

```
mysql> desc user;
+-----------+-------------+------+-----+---------+----------------+
| Field     | Type        | Null | Key | Default | Extra          |
+-----------+-------------+------+-----+---------+----------------+
| Id        | int(11)     | NO   | PRI | NULL    | auto_increment |
| Username  | varchar(50) | NO   |     |         |                |
| Password  | varchar(50) | NO   |     |         |                |
| Email     | varchar(50) | NO   |     |         |                |
| Regitime  | datetime    | YES  |     | NULL    |                |
+-----------+-------------+------+-----+---------+----------------+
5 rows in set (0.01 sec)

mysql>
```

图11-11 查看数据表结构

6）插入两条测试数据，命令如下。

```
mysql> insert into user values(null,'大毛','123','damao@126.com',20080101);
mysql> insert into user values(null,'二毛','456','ermao@126.com',20080102);
```

插入成功后，可以查看user表的数据，命令如下。

```
mysql> select * from user;
```

用户表user中存储的数据如图11-12所示。

```
mysql> select * from user;
+----+----------+----------+---------------+---------------------+
| Id | Username | Password | Email         | Regitime            |
+----+----------+----------+---------------+---------------------+
|  1 | 大毛     | 123      | damao@126.com | 2008-01-01 00:00:00 |
|  2 | 二毛     | 456      | ermao@126.com | 2008-01-02 00:00:00 |
+----+----------+----------+---------------+---------------------+
2 rows in set (0.01 sec)

mysql>
```

图11-12 查看user表中的数据

7）提交对数据库的修改操作，退出MySQL客户端程序。操作方法如图11-13所示。

```
mysql> commit;  #提交修改
Query OK, 0 rows affected (0.00 sec)

mysql> \q   #退出mysql客户端
Bye
```

图11-13 提交修改并退出MySQL客户端

8）备份数据到/home/bbsdata目录，命令如下。

```
[root@rhel5 /]# mysqldump -u root -p bbs>/home/bbsdata/bbs.sql
```

系统会提示输入MySQL管理员root用户的密码，备份后可以查看/home/bbsdata下生成的bbs.sql数据库备份文件，如图11-14所示。

```
[root@rhel5 /]# mkdir /home/bbsdata
[root@rhel5 /]# mysqldump -u root -p bbs>/home/bbsdata/bbs.sql
Enter password:
[root@rhel5 /]# ls /home/bbsdata/
bbs.sql
[root@rhel5 /]#
```

图11-14 bbs数据库的备份

11.4 任务3——MySQL图形模式配置和使用

11.4.1 需求分析

【任务情境】

在使用MySQL的文本模式操作数据库的时候，操作的效率很高，但是这需要数据库管理员具备娴熟的数据库操作技巧，掌握大量的MySQL命令。对于一个刚刚接触数据库管理的新手来说，命令模式的确很不方便。

【任务分析】

为了降低数据库管理的难度，我们可以安装MySQL的图形管理程序，实现“所见即所得”式的数据库操作。MySQL的图形管理程序很多，Tobias Ratschiller开发的phpMyAdmin B/S管理程序界面很友好，可以完成大部分MySQL数据库管理任务。其功能主要包括以下几个方面。

- 创建和删除数据库。
- 创建、复制、删除、修改表。
- 执行任何SQL语句。
- 管理字段中的键值。
- 将文本文件输入到表。
- 备份和恢复表。
- 导入导出数据。

通过在数据库服务器上安装配置phpMyAdmin程序，可以简化数据库管理的难度。

11.4.2 配置方案

1）将数据库服务器主机配置成可以运行PHP程序的Web服务器。

2）安装phpMyAdmin管理程序。

3）测试phpMyAdmin。

11.4.3 配置过程

配置步骤如下：

1）配置数据库服务器，支持PHP Web程序运行（具体做法可以参考第4章内容）。phpMyAdmin程序还需要PHP的扩展包mbstring，在系统的安装盘Server目录中，可以找到这个包，下面是安装命令。

```
[root@rhel5 Server]# rpm -ivh php-mbstring-5.1.6-20.el5.i386.rpm
```

安装成功后，还需要修改php.ini的配置，添加mbstring.so扩展，下面是该部分配置文件的内容。

```
;;;;;;;;;;;;;;;;;;;;;;;
```

```
; Dynamic Extensions ;
;;;;;;;;;;;;;;;;;;;;;;
;
; If you wish to have an extension loaded automatically, use the following
; syntax:
;
;    extension=modulename.extension
;
; For example:
;
;    extension=msql.so
extension=mbstring.so    //该行为新添内容
```

2）下载phpMyAdmin。由于是个开源软件，可以打开http://sourceforge.net/搜索“phpMyAdmin”，下载它的稳定版本（phpMyAdmin-2.11.9.3-all-languages.tar.gz），将其复制到/root目录下。

3）解压tar包，命令如下。

```
[root@rhel5 ~]# tar xzvf phpMyAdmin-2.11.9.3-all-languages.tar.gz
```

将解压后生成的目录phpMyAdmin-2.11.9.3-all-languages移动到Apache Web站点的主目录/var/www/html下，并改名为phpMyAdmin，命令如下。

```
mv phpMyAdmin-2.11.9.3-all-languages /var/www/html/phpMyAdmin
```

4）生成phpMyAdmin的配置文件。phpMyAdmin目录当中，已经有了配置文件的样本，只需要将其另存为config.inc.php，命令如下。

```
[root@rhel5 phpMyAdmin]# cp config.sample.inc.php config.inc.php
```

5）修改配置文件。对于配置文件config.inc.php，只需要做一处修改，phpMyAdmin就可以正常工作了。找到“$cfg['Servers'][$i]['auth_type'] = '';”这行，将其修改为“$cfg['Servers'][$i]['auth_type'] = 'http';”。部分配置文件内容如下。

```
/*
 * First server
 */
$i++;
/* Authentication type */
$cfg['Servers'][$i]['auth_type'] = 'http'; //此处为修改后的设置
/* Server parameters */
$cfg['Servers'][$i]['host'] = 'localhost';
$cfg['Servers'][$i]['connect_type'] = 'tcp';
$cfg['Servers'][$i]['compress'] = false;
/* Select mysqli if your server has it */
$cfg['Servers'][$i]['extension'] = 'mysql';
/* User for advanced features */
```

```
// $cfg['Servers'][$i]['controluser'] = 'pma';
// $cfg['Servers'][$i]['controlpass'] = 'pmapass';
/* Advanced phpMyAdmin features */
// $cfg['Servers'][$i]['pmadb'] = 'phpmyadmin';
```

6）重启apache服务器，命令如下。

```
[root@rhel5 phpMyAdmin]# service httpd restart
```

11.4.4 应用测试

1）打开浏览器，输入URL：http://服务器IP/phpMyAdmin，弹出phpMyAdmin的登录窗口，输入MySQL的管理员密码，如图11-15所示。

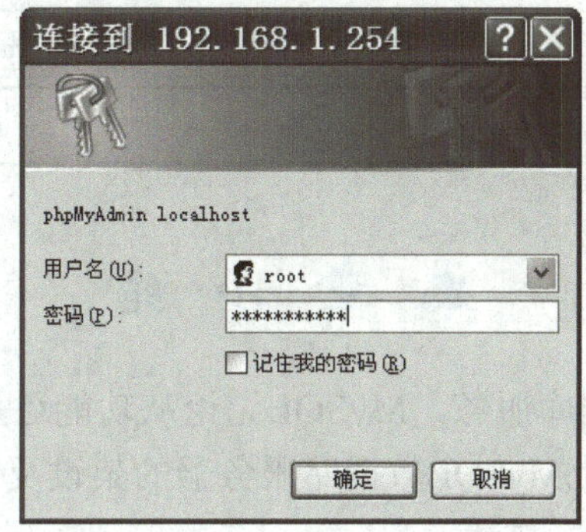

图11-15　phpMyAdmin登录界面

2）登录后，进入phpMyAdmin的管理首页，如图11-16所示。

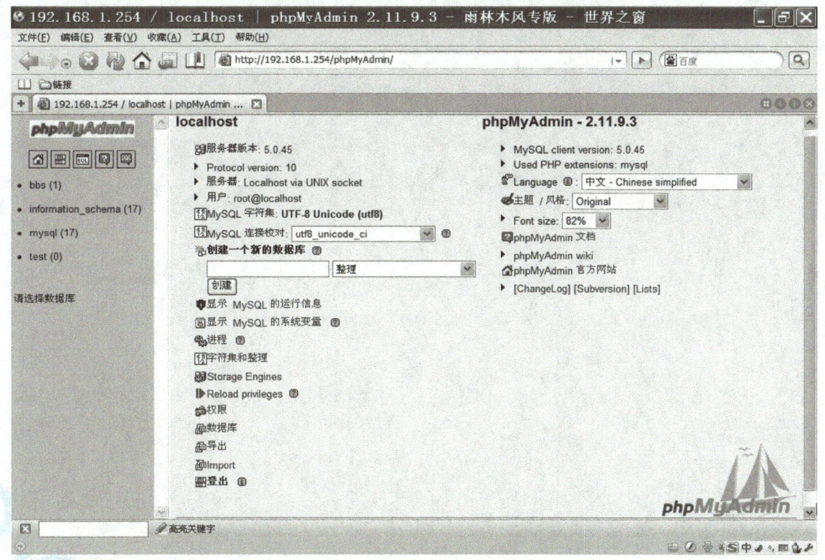

图11-16　phpMyAdmin的管理首页

3）我们安装的phpMyAdmin是支持简体中文的多语言版本，按照界面的提示，可以完成常见的数据库操作，具体的操作方法这里就不再一一举例。

11.5 拓展实验

用命令和图形两种方式创建论坛帖子信息表Msg，插入2条测试记录，并备份该表。字段要求见表11-2。

表11-2 帖子信息表Msg

字段名称	是否为主明	是否允许为空	数据类型	字段含义
Id	是	否	int	帖子编码
Msg	否	否	varchar(50)	贴子标题
Msgtxt	否	否	varchar(500)	内容
Author	否	否	varchar(50)	作者
Regtime	否	是	datetime	发布时间

本章小结

动态网站离不开后台数据库服务，MySQL无论从功能还是成本上都有较强的优势。本项目详细介绍了在Linux平台上MySQL数据库服务器的架设及使用方法。并且针对命令和图形两种不同的操作方式分别做了描述。

第12章

项目11——Linux下的软件路由器

📖 **职业能力目标：**

- 了解路由协议的基本分类
- 掌握RIP路由协议的配置方法
- 掌握OSPF路由协议的配置方法

12.1 软件路由器预备知识

路由协议作为TCP/IP协议族中重要成员之一，其选路过程实现的好坏会影响整个Internet网络的效率。按应用范围的不同，路由协议可分为两类：在一个AS（Autonomous System，即自治系统：指一个互连网络，就是把整个Internet划分为许多较小的网络单位，这些小的网络有权自主地决定在本系统中应采用何种路由选择协议）内的路由协议称为内部网关协议（interior gateway protocol）。AS之间的路由协议称为外部网关协议（exterior gateway protocol）。这里网关是路由器的旧称。现在正在使用的内部网关路由协议有以下几种：RIP-1、RIP-2、IGRP、EIGRP、IS-IS和OSPF。其中前4种路由协议采用的是距离向量算法，IS-IS和OSPF采用的是链路状态算法。

RIP是应用较早、使用较普遍的IGP，适用于小型同类网络，是典型的距离向量（distance-vector）协议。RIP通过广播UDP报文来交换路由信息，每30秒发送一次路由信息更新。RIP提供跳跃计数（hop count）作为尺度来衡量路由距离，跳跃计数是一个包到达目标所必须经过的路由器的数目。如果到相同目标有两个不等速或不同带宽的路由器，但跳跃计数相同，则RIP认为两个路由是等距离的。RIP最多支持的跳数为15，即在源和目的网间所要经过的最多路由器的数目为15，跳数16表示不可达。RIPv2支持验证、密钥管理、路由汇总、无类域间路由（CIDR）和变长子网掩码（VLSMs）。

OSPF（开放最短路径优先）路由协议是一项链路状态型技术，是目前IGP中应用最广、性能最优的一个协议，解决了RIP不能解决的大型、可扩展的网络的问题，适用于大规模的网络。对于小型网络，采用基于距离向量算法的路由协议易于配置和管理，且应用较为广泛，但在面对大型网络时，不但其固有的环路问题变得更难解决，所占用的带宽也迅速增长，以至于网络无法承受。因此对于大型网络，采用链路状态算法的OSPF较为有效，并且得到了广泛的应用。IETF始终在致力于OSPF的改进工作，这使得OSPF正在成为应用广泛的一种路由协议。现在，不论是传统的路由器设计，还是即将成为标准的MPLS（多协议标记交换），均将OSPF视为必不可少的路由协议。

12.2 任务1——安装软件路由器

12.2.1 需求分析

【任务情境】

现有两台Linux服务器，各有两块网卡，用一根网线连接两台服务器的一块网卡，服务器的另外一块网卡连接到不相同的网段，如图12-1所示，第一台服务器的第一块网卡IP地址为192.168.124.128，子网掩码为255.255.255.0，第二块网卡IP地址为172.16.1.168，子网掩码为255.255.255.0；第二台服务器的第一块网卡IP地址为192.168.124.129，子网掩码为255.255.255.0，第二块网卡IP地址为10.10.1.8，子网掩码为255.255.255.0。网管工作站IP地址为192.168.124.1，子网掩码为255.255.255.0。在两台服务器上安装软件路由器软件包quagga。

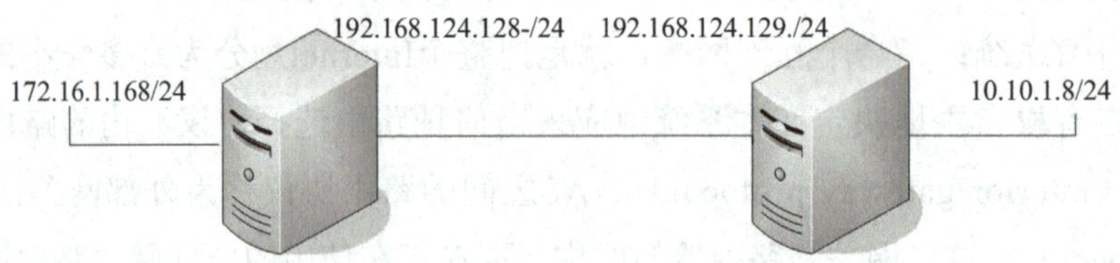

图12-1 软件路由器模拟环境搭建

【任务分析】

首先要在两台Linux服务器安装软件路由器软件包，安装方式选比较简便常用的RPM方式，安装结束后查看服务器软件运行状态。

12.2.2 配置方案

两台服务器要分别安装软件路由器，过程是一样的，这里以其中一台的安装过程为例。采用RPM安装方式，软件路由器安装包只有一个：

➢ quagga：软件路由器。

该软件可以到http://www.quagga.net/下载最新版本，也可以利用Red Hat Enterprise Linux光盘中的RPM包来安装。这里使用光盘安装。

安装步骤如下：

1）建立挂载点，挂载光驱。

2）安装quagga的RPM软件包。

3）测试运行quagga。

12.2.3 配置过程

具体配置步骤：

1）在文本模式下，以“root”身份登录到Linux系统。

2）进入到Red Hat Enterprise Linux DVD光盘中的Server目录，命令如下。

```
[root@localhost ~]#mkdir /mnt/cdrom
[root@localhost ~]#mount /dev/cdrom /mnt/cdrom
[root@localhost ~]#cd /mnt/cdrom/Server/
```

3）查找光盘中提供的bind服务器安装所需的RPM软件包，命令如下。

```
[root@localhost Server]# ls quagga*
```

系统列出了下面三个RPM软件包，如图12-2所示。其中包含我们想要安装的quagga软件包，另外两个提供开发工具和相关文档，这里就不需要安装了。

```
[root@localhost Server]# ls quagga*
quagga-0.98.6-5.el5.i386.rpm          quagga-devel-0.98.6-5.el5.i386.rpm
quagga-contrib-0.98.6-5.el5.i386.rpm
```

图12-2　系统自带quagga软件包

4）查看系统是否已安装quagga软件包。

```
[root@localhost Server]#rpm –qa quagga
```

Red Hat Enterprise Linux 5.2默认没有安装quagga软件包，如图12-3所示。

```
[root@localhost Server]# rpm -qa quagga
[root@localhost Server]#
```

图12-3　查询是否已安装quagga软件包

5）安装quagga软件路由器软件包。

```
[root@localhost Server]#rpm –ivh quagga-0.98.6-5.el5.i386.rpm
```

安装过程如图12-4所示。

```
[root@localhost Server]# rpm -ivh quagga-0.98.6-5.el5.i386.rpm
warning: quagga-0.98.6-5.el5.i386.rpm: Header V3 DSA signature: NOKEY, key ID 37017186
Preparing...                ########################################### [100%]
   1:quagga                 ########################################### [100%]
```

图12-4　安装quagga软件包

6）配置zebra服务。编辑/etc/quagga/zebra.conf文件，在其中添加如下3行代码。

```
hostname Router
password zebra
enable password zebra
```

上述3行代码分别配置了系统的名字、登录密码以及进入特权模式的密码。要初始化系统，首先要对zebra服务配置登录密码以及enable密码，当系统启动zebra服务时会读取zebra.conf文件，若不存在登录密码，登录本地路由器时会显示“vty password is not set”，登录失败，如图12-5所示。

```
[root@localhost quagga]# telnet localhost 2601
Trying 127.0.0.1...
Connected to localhost.localdomain (127.0.0.1).
Escape character is '^]'.
Vty password is not set.
Connection closed by foreign host.
```

图12-5　无密码配置会提示登录失败

7）启动、重起、关闭quagga服务。

```
[root@localhost Server]#service zebra start
[root@localhost Server]#service zebra stop
[root@localhost Server]#service zebra restart
```

注意

在quagga软件中"service zebra start"命令也可以用"/etc/rc.d/init.d/zebra start"这种方式进行调用，其中"start"可以换成"stop"、"restart"、"status"分别表示停止服务、重新启动服务、查看服务状态。

12.2.4　应用测试

1）查看系统已安装的quagga软件包，命令如下。

```
[root@localhost Server]# rpm –qa quagga
```

如果看到了quagga软件包，表明安装完成，如图12-6所示。

```
[root@localhost Server]# rpm -qa quagga
quagga-0.98.6-5.el5
```

图12-6　列出已安装quagga软件包

2）启动quagga软件路由器，并查看其运行状态，命令如下。

```
[root@localhost Server]# service zebra start
```

运行成功，会看到如图12-7所示界面。

```
[root@localhost Server]# service zebra start
启动 zebra: Nothing to flush.
[确定]
```

图12-7　启动zebra服务

看到"确定"，表示启动成功。接下来，还可以查看软件路由器运行状态，命令如下。

```
[root@localhost Server]# service zebra status
```

系统会显示zebra正在运行，在当前系统的pid为2685，如图12-8所示。

```
[root@localhost Server]# service zebra status
zebra (pid 2685) 正在运行...
```

图12-8　zebra服务的工作状态

3）查看zebra服务占用端口情况，如图12-9所示，命令如下。

```
[root@localhost Server]# netstat -tnl
```

```
[root@localhost Server]# netstat -tnl
Active Internet connections (only servers)
Proto Recv-Q Send-Q Local Address               Foreign Address             State
tcp        0      0 0.0.0.0:930                 0.0.0.0:*                   LISTEN

tcp        0      0 127.0.0.1:2601              0.0.0.0:*                   LISTEN

tcp        0      0 0.0.0.0:111                 0.0.0.0:*                   LISTEN

tcp        0      0 :::22                       :::*                        LISTEN
```

图12-9　zebra服务占用的端口

执行netstat命令通过参数tnl，将所有当前系统运行的TCP协议的端口列出来，这里会看到2601端口状态为监听状态，2601为zebra运行所需端口。

4）查看quagga软件包所占用的端口情况。查看/etc/service文件，如图12-10所示，quagga软件包占用了2600～2606这七个端口，分别支持rip协议、ripng协议、ospf协议、ospfv6版本协议以及bgp协议。

```
# Ports numbered 2600 through 2606 are used by the zebra package without
# being registred.  The primary names are the registered names, and the
# unregistered names used by zebra are listed as aliases.
hpstgmgr        2600/tcp        zebrasrv        # HPSTGMGR
hpstgmgr        2600/udp                        # HPSTGMGR
discp-client    2601/tcp        zebra           # discp client
discp-client    2601/udp                        # discp client
discp-server    2602/tcp        ripd            # discp server
discp-server    2602/udp                        # discp server
servicemeter    2603/tcp        ripngd          # Service Meter
servicemeter    2603/udp                        # Service Meter
nsc-ccs         2604/tcp        ospfd           # NSC CCS
nsc-ccs         2604/udp                        # NSC CCS
nsc-posa        2605/tcp        bgpd            # NSC POSA
nsc-posa        2605/udp                        # NSC POSA
netmon          2606/tcp        ospf6d          # Dell Netmon
netmon          2606/udp                        # Dell Netmon
```

图12-10　quagga服务占用的端口列表

5）登录软件路由器zebra。使用下面的命令登录软件路由器zebra。

```
[root@localhost Server]# telnet localhost 2601
```

输入之前所设定的密码“zebra”就会进到路由器的命令行，具体的语法和Cisco路由器类似，登录界面如图12-11所示。

```
[root@localhost Server]# telnet localhost 2601
Trying 127.0.0.1...
Connected to localhost.localdomain (127.0.0.1).
Escape character is '^]'.

Hello, this is Quagga (version 0.98.6).
Copyright 1996-2005 Kunihiro Ishiguro, et al.


User Access Verification

Password:
Router>
```

图12-11　登录软件路由器配置接口zebra

6）设置并查看网卡接口状态。默认情况下，网卡在Linux系统中表示形如eth0，eth1这样的名称，quagga软件中直接延用这个名称，而非Cisco路由器中的ethernet端口和serial端口。网卡在Linux系统中配置的IP地址，quagga会直接读取，作为该接口的IP地址。作为路由器的一个接口，需要设定网卡状态为链路自动检测，如图12-12所示。

```
zebra1# configure terminal
zebra1(config)# interface eth0
zebra1(config-if)# link-detect
```

图12-12 配置接口为链路自动检测

如图12-13所示，系统的eth0网卡状态是up，链路的协议也是up。

```
Router# show interface eth0
Interface eth0 is up, line protocol is up
  index 2 metric 1 mtu 1500 <UP,BROADCAST,RUNNING,MULTICAST>
  HWaddr: 00:0c:29:aa:12:c1
  inet 192.168.124.129/24 broadcast 192.168.124.255
  inet6 fe80::20c:29ff:feaa:12c1/64
    input packets 2094, bytes 191941, dropped 0, multicast packets 0
    input errors 0, length 0, overrun 0, CRC 0, frame 0, fifo 0, missed 0
    output packets 1652, bytes 175382, dropped 0
    output errors 0, aborted 0, carrier 0, fifo 0, heartbeat 0, window 0
    collisions 0
```

图12-13 显示eth0接口状态

7）设定开机自动启动软件路由器，命令如下。

```
[root@localhost Server]# chkconfig --level 3 zebra on
[root@localhost Server]# chkconfig --list |grep zebra
```

如图12-14所示，zebra服务在level3为启用，即开机自动启动。

```
[root@localhost Server]# chkconfig --level 3 zebra on
[root@localhost Server]# chkconfig --list |grep zebra
zebra           0:关闭  1:关闭  2:关闭  3:启用  4:关闭  5:关闭  6:关闭
```

图12-14 配置zebra服务开机自动启动

12.3 任务2——配置rip路由协议

12.3.1 需求分析

【任务情境】

一台路由器中保存的路由信息有静态配置和动态学习两种方法。在两台软件路由器中分别配制rip协议，使得每台路由器可以通过rip路由协议学习到邻居的路由信息。

【任务分析】

quagga软件包支持RIPv2，使用ripd程序实现rip路由功能，但ripd程序需要在zebra程序读取接口信息，所以zebra一定要在ripd之前启动。zebra负责解析路由器基本配置，ripd负责解析rip路由协议的相关配置。

12.3.2 配置方案

在两台服务器上分别启动zebra服务和ripd服务，登录ripd服务接口，作rip路由协议的相关配置。

在两台服务器上均做如下配置。

1）启动zebra服务，登录zebra接口，查看路由信息。

2）启动ripd服务，登录ripd接口，配置rip协议。

12.3.3 配置过程

具体配置步骤：

1）启动zebra服务。

```
[root@localhost ~]#service zebra start
```

执行上述命令，可以启动zebra服务，若设定开机自动启动zebra服务，则此步骤可省略。

2）登录zebra接口，查看路由信息。

```
[root@localhost ~]#telnet localhost 2601
```

这里2601可以用服务的名称“zebra”代替，输入初始设定密码“zebra”，进入路由器配置界面，输入“enable”命令进入特权模式，输入特权密码“zebra”，进入到路由器的特权模式，输入“show ip route”显示系统当前的路由信息。

在显示的路由信息中可以看到有三条信息以C字母开头，表示这三条信息为直连路由，如图12-15所示。分别对应接口lo、接口eth0和接口eth1。另有两条K字母开头的路由信息，表明这两条路由信息是内核级的路由信息，0.0.0.0/0为系统的默认网关，169.254.0.0/16为Windows系统专用的IP地址，即当一台windows主机没有分配到任何IP地址也没有配置IP地址的情况下，Windows系统默认分配的IP地址段。

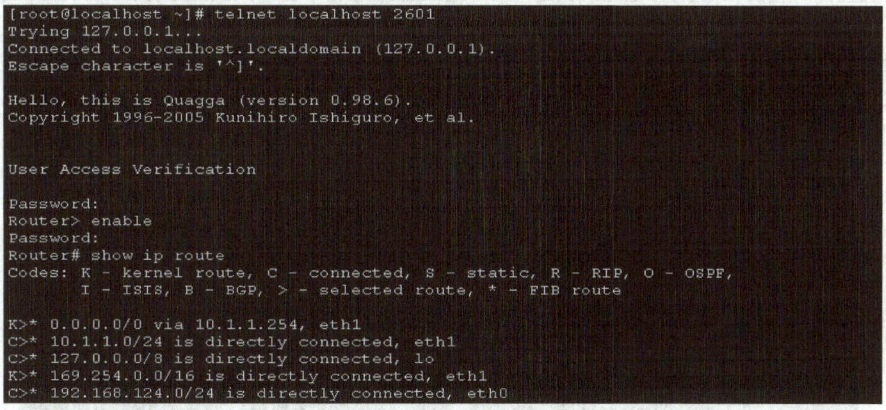

```
[root@localhost ~]# telnet localhost 2601
Trying 127.0.0.1...
Connected to localhost.localdomain (127.0.0.1).
Escape character is '^]'.

Hello, this is Quagga (version 0.98.6).
Copyright 1996-2005 Kunihiro Ishiguro, et al.


User Access Verification

Password:
Router> enable
Password:
Router# show ip route
Codes: K - kernel route, C - connected, S - static, R - RIP, O - OSPF,
       I - ISIS, B - BGP, > - selected route, * - FIB route

K>* 0.0.0.0/0 via 10.1.1.254, eth1
C>* 10.1.1.0/24 is directly connected, eth1
C>* 127.0.0.0/8 is directly connected, lo
K>* 169.254.0.0/16 is directly connected, eth1
C>* 192.168.124.0/24 is directly connected, eth0
```

图12-15　初始状态下系统的路由信息

3）启动ripd服务：首先创建ripd的配置文件ripd.conf，可以使用系统默认提供的模板文件作为ripd的配置文件。

进入到/etc/quagga目录下，将模板文件复制并重命名为ripd.conf，命令如下。

```
[root@localhost ~]#cd /etc/quagga
[root@localhost quagga]# cp ripd.conf.sample ripd.conf
```

创建完配置文件后，即可登录到ripd接口，进行rip协议的相关配置。登录ripd接口，输入默认密码“zebra”即登录到ripd的配置接口，如图12-16所示。

与zebra接口不同的是，这里登录的是本机的2602端口，即rip协议对应的端口。登录的密码在ripd.conf文件中可以查到，默认情况下为“zebra”。

```
[root@localhost quagga]# telnet localhost 2602
Trying 127.0.0.1...
Connected to localhost.localdomain (127.0.0.1).
Escape character is '^]'.

Hello, this is Quagga (version 0.98.6).
Copyright 1996-2005 Kunihiro Ishiguro, et al.


User Access Verification

Password:
ripd>
```

图12-16 登录到rip路由协议的配置接口

4）配置rip路由协议：同真实的Cisco路由器一样，配置rip路由协议，需要在配置rip协议的模式里面宣告路由器的直连网段，需要设定rip协议的版本。quagga系统与真实的Cisco路由器不同的是需要在互连的网卡接口上配置认证方式并配置认证的字符串。

具体需要以下4个步骤，表12-1列出了配置rip路由协议需要用到的命令以及相关说明。

表12-1 配置rip路由协议所需使用的命令

命 令	说 明
enable	进入特权模式
configure terminal	进入配置模式
router rip	配置rip路由协议
network IP地址网段	宣告直连网段，每个网段独立宣告一次
version 2	使用rip路由协议版本2
interface 网卡接口	进入到网卡接口模式
ip rip authentication mode 类型	配置rip协议认证模式的类型
ip rip authentication string 认证字符串	配置rip协议认证的字符串

1）进入特权模式。

2）进入配置模式。

3）配置rip路由协议。

4）在互连的网卡中配置认证方式。

如图12-17所示，完成了rip路由协议的配置。

```
ripd> enable
ripd# configure terminal
ripd(config)# router rip
ripd(config-router)# network 192.168.124.0/24
ripd(config-router)# network 172.16.1.0/24
ripd(config-router)# version 2
```

图12-17 rip路由协议的基本配置

输入“enable”进入特权模式，输入“configure terminal”进入配置模式，启动rip路由协议，宣告路由器的直连网段并设定rip协议的版本为2。

接下来配置互连网卡的认证方式，如图12-18所示。

```
ripd(config)# interface eth0
ripd(config-if)# ip rip authentication mode text
ripd(config-if)# ip rip authentication string 123
```

图12-18 配置互连网卡的认证模式及认证字符串

这里为了简化配置，配置互连网卡的认证方式为文本方式，认证的字符串为“123”。两台服务器中的互连网卡需做相同的设定，这样就完成了rip协议的最基本的配置。

12.3.4 应用测试

为了方便排除错误，配置rip路由协议时，常采用debug模式，通过debug的日志查看quagga的运行情况。

1）首先建立日志目录及相应的文件，执行下列代码完成初始化操作。

```
[root@localhost ~]mkdir /etc/quagga/log
[root@localhost ~]touch /etc/quagga/log/ripd.log
[root@localhost ~]touch /etc/quagga/log/zebra.log
[root@localhost ~]chown quagga.quagga /etc/quagga/log/ripd.log
[root@localhost ~]chown quagga.quagga /etc/quagga/log/zebra.log
```

创建一个专门用来记录日志的目录，创建ripd及zebra对应的日志文件，并修改文件权限，使quagga用户有权修改日志文件。

2）配置log记录到指定的配置文件，打开debug功能。

在rip的配置模式中，指定log文件的路径，如图12-19所示。

```
ripd(config)# log file /etc/quagga/log/ripd.log
ripd(config)# debug rip events
ripd(config)# debug rip packet
```

图12-19　打开rip路由协议的debug工作模式

3）查看日志：使用下面命令查看日志文件尾部，并实时显示更新。

```
[root@localhost ~]tail -f /etc/quagga/log/ripd.log
```

4）查看路由信息：通过下列命令可以查看路由的相关信息，图12-20中显示路由信息中以R开头的就是通过rip路由协议学习而来的路由信息，此处标明从哪学习到的此条路由信息及下次更新时间。

```
ripd# show ip rip
ripd# show ip rip status
```

```
ripd# show ip rip
Codes: R - RIP, C - connected, S - Static, O - OSPF, B - BGP
Sub-codes:
      (n) - normal, (s) - static, (d) - default, (r) - redistribute,
      (i) - interface

     Network            Next Hop         Metric From            Tag Time
R(n) 10.10.1.0/24       192.168.124.128       2 192.168.124.128   0 02:40
C(i) 172.16.1.0/24      0.0.0.0               1 self              0
C(i) 192.168.124.0/24   0.0.0.0               1 self              0
```

图12-20　显示rip相关的路由信息

图12-21中显示rip路由协议的基本运行状态，包括多长时间更新一次路由表，多长时间为更新请求超时，以及发送和接收报文的版本号等一系列rip路由协议相关的信息。

```
ripd# show ip rip status
Routing Protocol is "rip"
  Sending updates every 30 seconds with +/-50%, next due in 13 seconds
  Timeout after 180 seconds, garbage collect after 120 seconds
  Outgoing update filter list for all interface is not set
  Incoming update filter list for all interface is not set
  Default redistribution metric is 1
  Redistributing:
  Default version control: send version 2, receive version 2
    Interface        Send  Recv   Key-chain
    eth0             2     2
    eth1             2     2
  Routing for Networks:
    172.16.1.0/24
    192.168.124.0/24
  Routing Information Sources:
    Gateway          BadPackets BadRoutes  Distance Last Update
    192.168.124.128          1         0        120  00:00:13
  Distance: (default is 120)
```

图12-21　rip路由协议的工作状态

12.4　任务3——配置ospf路由协议

12.4.1　需求分析

【任务情境】

rip路由协议适用于小型网络，当网络中的路由器数量增多会出现环路，为了解决环路问题，提出了ospf路由协议。在两台软件路由器中分别配制ospf协议，使得每台路由器可以通过ospf路由协议学习到邻居的路由信息。

【任务分析】

quagga软件包支持ospf路由协议，使用ospfd程序实现ospf路由功能，但ospfd程序需要在zebra程序读取接口信息，所以zebra一定要在ospfd之前启动。zebra负责解析路由器基本配置，ospfd负责解析ospf路由协议的相关配置。

12.4.2　配置方案

要在两台服务器上运行ospf路由协议，各自需要启动zebra服务和ospfd服务，登录ospfd服务接口，做ospf路由协议的相关配置。

在两台服务器上均做如下配置：

1）启动zebra服务。

2）启动ospfd服务，登录ospfd接口，配置ospf协议。

12.4.3　配置过程

具体配置步骤：

1）启动zebra服务。

```
[root@localhost ~]#service zebra start
```

执行上述命令，可以启动zebra服务，该命令也可以使用“zebra -d”代替。

2）启动ospfd服务：首先创建ospfd的配置文件ospfd.conf，可以使用系统默认提供的模版文件作为ospfd的配置文件。

进入到/etc/quagga目录下，将模版文件复制并重命名为ospfd.conf，命令如下。

```
[root@localhost ~]#cd /etc/quagga
[root@localhost quagga]# cp ospfd.conf.sample ospfd.conf
```

创建完配置文件后，即可登录到ospfd接口，进行ospf协议的相关配置。登录ospfd接口，输入默认密码“zebra”即登录到ospfd的配置接口，如图12-22所示。

```
[root@localhost quagga]# telnet localhost 2604
Trying 127.0.0.1...
Connected to localhost.localdomain (127.0.0.1).
Escape character is '^]'.

Hello, this is Quagga (version 0.98.6).
Copyright 1996-2005 Kunihiro Ishiguro, et al.


User Access Verification

Password:
ospfd>
```

图12-22　登录到ospf路由协议的配置接口

这里登录的是本机的2604端口，是ospf协议对应的端口。登录的密码在ospfd.conf文件中可以查到，默认情况下为“zebra”。

3）配置ospf路由协议：同真实的Cisco路由器一样，配置ospf路由协议时需要在配置ospf协议的模式里面宣告路由器的直连网段，并定义所属区域。真实路由器配置ospf协议需要配置直连网段的反掩码，quagga软件默认只需要输入网段及掩码即可。

其中表12-2列出配置ospf路由协议需要用到的命令以及相关说明。

表12-2　配置ospf路由协议所需使用的命令

命　令	说　明
enable	进入特权模式
configure terminal	进入配置模式
router ospf	配置ospf路由协议
network IP地址网段 area 区域号码	定义直连网段所属区域

如图12-23所示，完成了ospf路由协议的配置。输入“enable”进入特权模式，输入“configure terminal”进入配置模式，启动ospf路由协议，宣告路由器的直连网段并设定所属区域为0号区域。

```
ospfd> enable
ospfd# configure terminal
ospfd(config)# router ospf
ospfd(config-router)# network 192.168.124.0/24 area 0
ospfd(config-router)# network 172.16.1.0/24 area 0
```

图12-23　ospf路由协议的基本配置

12.4.4　应用测试

为了方便排除错误，配置ospf路由协议时，常采用debug模式，通过debug的日志查看quagga的运行情况。

1）首先建立日志目录及相应的文件，执行下列代码完成初始化操作。

```
[root@localhost ~]mkdir /etc/quagga/log
[root@localhost ~]touch /etc/quagga/log/ospfd.log
[root@localhost ~]chown quagga.quagga /etc/quagga/log/ospfd.log
```

创建一个专门用来记录日志的日志文件，创建ospfd对应的日志文件，并修改文件权限，使quagga用户有权修改日志文件。

2）配置log记录到指定的配置文件，打开debug功能。在ospf的配置模式中，指定log文件的路径，如图12-24所示。

```
ospfd(config)# log file /etc/quagga/log/ospfd.log
ospfd(config)# debug ospf event
ospfd(config)# debug ospf packet all
```

图12-24　打开ospf路由协议的debug工作模式

3）查看日志。

使用下面命令查看日志文件尾部，并实时显示更新。

```
[root@localhost ~]tail -f /etc/quagga/log/ospfd.log
```

4）查看路由信息。

通过下列命令可以查看路由的相关信息。

```
ospfd# show ip ospf route
ospfd# show ip ospf interface eth0
ospfd# show ip ospf database
```

如图12-25所示，系统显示3条路由信息，其中两条为直连路由，另外一条是通过ospf路由协议学习而得到的。

```
ospfd# show ip ospf route
============ OSPF network routing table ============
N    10.10.1.0/24          [10] area: 0.0.0.0
                           directly attached to eth1
N    172.16.1.0/24         [20] area: 0.0.0.0
                           via 192.168.124.129, eth0
N    192.168.124.0/24      [10] area: 0.0.0.0
                           directly attached to eth0

============ OSPF router routing table =============

============ OSPF external routing table ===========
```

图12-25　显示ospf相关的路由信息

在图12-26中显示了ospf中的指定路由器（Designate Router）和备份指定路由器（Backup Designate Router）的信息，以及ospf中互相通信使用的hello报文时间间隔。在图12-27中列出了OSPF数据库有关的信息。

```
ospfd# show ip ospf interface eth0
eth0 is up
  Internet Address 192.168.124.128/24, Broadcast 192.168.124.255, Area 0.0.0.0
  Router ID 10.10.1.8, Network Type BROADCAST, Cost: 10
  Transmit Delay is 1 sec, State DR, Priority 1
  Designated Router (ID) 10.10.1.8, Interface Address 192.168.124.128
  Backup Designated Router (ID) 172.16.1.10, Interface Address 192.168.124.129
  Timer intervals configured, Hello 10, Dead 40, Wait 40, Retransmit 5
    Hello due in 00:00:09
  Neighbor Count is 1, Adjacent neighbor count is 1
```

图12-26　指定路由器与备份指定路由器选举情况

```
ospfd# show ip ospf database

       OSPF Router with ID (10.10.1.8)

                Router Link States (Area 0.0.0.0)

Link ID         ADV Router      Age  Seq#       CkSum  Link count
10.10.1.8       10.10.1.8        339 0x80000007 0xde2f 2
172.16.1.10     172.16.1.10      277 0x80000008 0xe22b 2

                Net Link States (Area 0.0.0.0)

Link ID         ADV Router      Age  Seq#       CkSum
192.168.124.128 10.10.1.8        339 0x80000001 0x45ac
```

图12-27 ospf数据库相关信息

12.5 拓展实验

quagga软件不仅支持像rip、ospf以及bgp的ipv4的路由协议，同样也支持ipv6的路由协议ripng和ospf6，尝试启用ripng路由协议，并作基本的配置。

本章小结

本章系统地介绍了在Linux系统平台上通过quagga软件配置软件路由器的主要步骤。包括路由器的基本配置以及rip路由协议和ospf路由协议的基础配置。quagga软件提供的功能有很多，这里只做入门性的介绍，更多高级的应用请读者参考官方网站。

第13章
项目12——配置VPN服务器

📖 **职业能力目标：**

- 了解VPN技术的发展历史
- 掌握使用pptp方式搭建VPN服务器
- 掌握使用SSL方式配置VPN服务器

13.1 VPN服务预备知识

VPN的英文全称是“Virtual Private Network”，翻译为“虚拟专用网络”。简单地说，VPN是指在公众网络上所建立的企业网络，并且此企业网络拥有与专用网络相同的安全、管理及功能等特点，它替代了传统的拨号访问，利用Internet公网资源作为企业专网的延续，节省昂贵的长途费用。VPN是原有专线式企业专用广域网络的替代方案，VPN并非改变原有广域网络的一些特性，如多重协议的支持、高可靠性及高扩充度，而是在更为符合成本效益的基础上来达到这些特性。VPN无论在哪种情况下，都能使企业客户享有与专用网络同样卓越的安全性、优先权、可靠性和易管理性。VPN业务的真正优点在于它能够使服务供应商提供一系列捆绑的VPN解决方案。针对不同的用户要求，VPN有3种解决方案：远程访问虚拟网（Access VPN）、企业内部虚拟网（Intranet VPN）和企业扩展虚拟网（Extranet VPN）。这3种类型的VPN分别与传统的远程访问网络、企业内部的Intranet以及企业网和相关合作伙伴的企业网所构成的Extranet（外部扩展）相对应。

虚拟专用网络可以理解成是虚拟出来的企业内部专线。它可以通过特殊的加密通讯协议在连接在Internet上的位于不同地方的两个或多个企业内部网之间建立一条专有的通讯线路，就好比是架设了一条专线一样，但是它并不需要真正的去铺设光缆之类的物理线路。这就好比去电信局申请专线，但是不用给铺设线路的费用，也不用购买路由器等硬件设备。VPN技术原是路由器具有的重要技术之一，目前交换机，防火墙设备或Windows 2000等也都支持VPN功能。VPN的核心就是在利用公共网络建立虚拟私有网。

虚拟专用网是对企业内部网的扩展。虚拟专用网可以帮助远程用户、公司分支机构、商业伙伴及供应商同公司的内部网建立可信的安全连接，并保证数据的安全传输。虚拟专用网可用于不断增长的移动用户的全球互联网接入，以实现安全连接；可用于实现企业网站之间安全通信的虚拟专用线路，用于经济有效地连接到商业伙伴和用户的安全外联网虚拟专用网。

一个企业的虚拟专用网解决方案将大幅度地减少用户花费在城域网和远程网络连接上的费用。同时，这将简化网络的设计和管理，加速连接新的用户和网站。另外，虚拟专用网还可以保护现有的网络投资。随着用户的商业服务不断发展，企业的虚拟专用网解决方案可以使用户将精力集中到自己的生意上，而不是网络上。

13.2 任务1——建立基于PPTP的VPN服务器

13.2.1 需求分析

【任务情境】

在一个局域网中，一台Linux服务器有两块网卡，一块网卡IP地址为192.168.124.129，子网掩码为255.255.255.0；另一块网卡IP地址为10.1.1.10，子网掩码为255.255.255.0，网管工作站是Windows XP系统，IP为192.168.124.1，子网掩码为255.255.255.0。这里假定192.168.124网段为互联网，而10.1.1.0网段为内部局域网，现在想在Linux服务器上搭建一台基于PPTP的VPN服务器，使得互联网的用户能够访问到局域网内部的资源。

【任务分析】

在sourceforge上有一个关于PPTP的开源项目，到sourceforge网上搜索poptop关键字，下载安装VPN服务器及其相关的软件，安装方法选用该开源项目提供的RPM软件包进行安装，安装结束后查看服务器软件运行状态，从网管工作站登录VPN服务器进行验证。

13.2.2 配置方案

根据开源项目介绍，可知安装PPTP服务器主要需要用到以下4个安装包：

- dkms：动态内核模块支持的软件包。
- kernel_ppp_mppe：MPPE加密协议的内核补丁。
- ppp：ppp软件包。
- pptpd：pptpd服务器软件包。

以上软件可以到http://sourceforge.net/projects/poptop/下载最新版本。由于我们选用RHEL软件版本5.2，系统默认情况下已经支持MPPE加密协议，并且系统提供了ppp软件，所以这两个软件就不必额外安装，只需要安装dkms与pptpd软件包即可。

安装步骤如下：

1）打开浏览器，输入网址http://sourceforge.net/projects/poptop/。

2）下载最新的dkms和pptpd软件包。

3）上传至VPN服务器，安装软件包。

4）测试pptpd的运行。

13.2.3 配置过程

具体配置步骤：

1）在文本模式下，以“root”身份登录到Linux系统。

2）查看系统中是否已安装ppp软件包。

```
[root@localhost ~]# rpm –qa ppp
```

```
[root@localhost ~]# rpm -qa ppp
ppp-2.4.4-1.el5
```

图13-1　查询是否安装ppp软件包

如图13-1所示，系统默认已安装了ppp软件包，版本为比较新的2.4.4-1。

3）在网管工作站，打开浏览器，输入网址http://sourceforge.net/，然后输入poptop关键字进行查找，找到poptop开源项目，下载最新的dkms和pptpd软件包。版本分别为dkms-2.0.10-1和pptpd-1.3.4-1。

4）将下载的软件包上传至VPN服务器。

将文件从网管工作站上传至VPN服务器，方法有很多种，这里采用在服务器上临时开一个FTP服务，将文件上传至FTP中。在FTP根目录创建一个文件夹名为poptop，用来存放软件包dkms和pptpd。

5）安装软件包dkms和pptpd。

```
[root@localhost poptop]#rpm -ivh dkms-2.0.10-1.noarch.rpm
[root@localhost poptop]#rpm -ivh pptpd-1.3.4-1.rhel5.1.i386.rpm
```

安装dkms和pptpd软件包，安装过程如图13-2所示。

```
[root@localhost poptop]# rpm -ivh dkms-2.0.10-1.noarch.rpm
warning: dkms-2.0.10-1.noarch.rpm: Header V3 DSA signature: NOKEY, key ID 862acc42
Preparing...                ########################################### [100%]
   1:dkms                   ########################################### [100%]
[root@localhost poptop]# rpm -ivh pptpd-1.3.4-1.rhel5.1.i386.rpm
warning: pptpd-1.3.4-1.rhel5.1.i386.rpm: Header V3 DSA signature: NOKEY, key ID 862acc
2
Preparing...                ########################################### [100%]
   1:pptpd                  ########################################### [100%]
```

图13-2　安装dkms和pptpd软件包

6）启动、重启、关闭pptp服务。

```
[root@localhost poptop]#service named start
[root@localhost poptop]#service named restart
[root@localhost poptop]#service named stop
```

> **注意**
>
> 在pptpd软件中“service pptpd start”命令也可以用“/etc/rc.d/init.d/pptpd start”这种方式进行调用，其中“start”可以换成“stop”、“restart-kill”、“status”分别表示停止服务、重新启动服务、查看服务状态。

7）配置pptpd主配置文件。PPTP服务的主配置文件是/etc/pptpd.conf，在文件末尾添加下面代码。

```
localip 10.1.1.10
remoteip 10.1.1.100-150
```

其中localip定义了VPN服务器本地的地址，remoteip定义了分配给VPN客户端的地址范围。

8）配置VPN账号及密码。编辑/etc/ppp/chap-secrets文件，以下面的格式添加账号、密码以及所使用的IP地址。

```
vpnuser        pptpd 123456        10.1.1.101
vpn            pptpd 123456        *
```

可以用上面两种方式添加账号及密码，第一段代码指定了服务pptpd，并且指定了使用这个账号的IP地址为10.1.1.101，第二段代码指定了服务pptpd，在IP地址添加了*号，表明此账号可以在任意一台机器上使用。

9）配置认证方式。编辑配置文件/etc/ppp/options.pptpd，文件中包含常用的配置选项详见表13-1。

表13-1　options.pptpd文件中设置部分的说明

配置选项	参数说明
refuse-pap/require-pap	拒绝或允许pap方式认证
refuse-chap/require-chap	拒绝或允许chap方式认证
refuse-mschap/require-mschap	拒绝或允许mschap方式认证
refuse-mschap-v2/require-mschap-v2	拒绝或允许mschap-v2方式认证
refuse-mppe-128/require-mppe-128	拒绝或允许mppe128
ms-dns	设置VPN服务的默认DNS

由于之前设定了chap认证的账号及密码，这里设定允许chap方式认证，拒绝其他所有方式，并且指定DNS。配置代码如下：

```
refuse-pap
require-chap
refuse-mschap
refuse-mschap-v2
refuse-mppe-128
ms-dns 202.96.64.68
```

10）打开内核IP转发。只有设置了IP转发，所有通过VPN连接上来的远程计算机才能互相ping通。具体做如下配置：

```
[root@localhost poptop]# echo 1 >/proc/sys/net/ipv4/ip_forward
```

可以将这条命令放到文件/etc/rc.d/rc.local里面，这样系统开机的时候会自动打开内核IP转发。

13.2.4　应用测试

1）启动pptpd服务器，并查看其运行状态，命令如下。

```
[root@localhost poptop]# service pptpd start
```

运行成功，会看到如图13-3所示的情况。

```
[root@localhost poptop]# service pptpd start
Starting pptpd: [确定]
```

图13-3　启动pptpd服务

看到“确定”，表示启动成功。接下来，还可以查看服务器的运行状态，命令如下。

```
[root@localhost poptop]# service pptpd status
```

系统会提示pptpd服务正在运行，在当前系统的pid为2318，如图13-4所示，查看pptpd运行状态。

```
[root@localhost poptop]# service pptpd status
pptpd (pid 2318) 正在运行...
```

图13-4　查看pptpd运行状态

2）查看pptpd服务器占用端口情况，如图13-5所示，命令如下。

```
[root@localhost poptop]# netstat -tnl
```

```
[root@localhost poptop]# netstat -tnl
Active Internet connections (only servers)
Proto Recv-Q Send-Q Local Address               Foreign Address             State
tcp        0      0 0.0.0.0:111                 0.0.0.0:*                   LISTEN
tcp        0      0 0.0.0.0:912                 0.0.0.0:*                   LISTEN
tcp        0      0 0.0.0.0:21                  0.0.0.0:*                   LISTEN
tcp        0      0 0.0.0.0:1723                0.0.0.0:*                   LISTEN
tcp        0      0 :::80                       :::*                        LISTEN
tcp        0      0 :::22                       :::*                        LISTEN
```

图13-5　查看pptpd服务占用的端口

执行netstat命令通过参数tnl，将所有当前系统运行的TCP协议的端口列出来，这里会看到有1723端口的状态是LISTEN，表明pptpd服务正在运行，监听1723端口。

3）设定开机自动启动pptpd服务器，命令如下。

```
[root@localhost Server]# chkconfig --level 3 pptpd on
[root@localhost Server]# chkconfig --list pptpd
```

如图13-6所示，pptpd服务在level3状态为启用，即开机自动启动。

```
[root@localhost poptop]# chkconfig --level 3 pptpd on
[root@localhost poptop]# chkconfig --list pptpd
pptpd           0:关闭  1:关闭  2:关闭  3:启用  4:关闭  5:关闭  6:关闭
```

图13-6　设置pptpd在level3状态自动启动

4）配置VPN客户端。在网管工作站上，右键点击网上邻居，选择属性菜单。双击新建连接向导，在出现的对话框中单击“下一步”按钮，如图13-7所示。

在出现的“网络连接类型”对话框中选择“连接到我的工作场所的网络”单选按钮，单击“下一步”按钮，如图13-8所示。

在出现的“网络连接”对话框中选择“虚拟专用网络连接”单选按钮，单击“下一步”按钮，如图13-9所示。

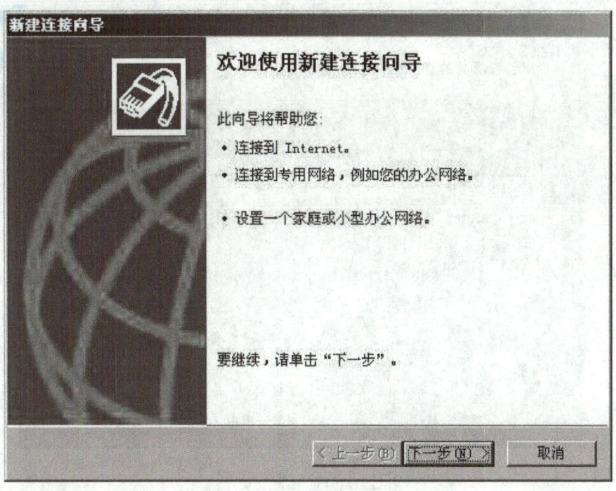

图13-7　新建连接向导

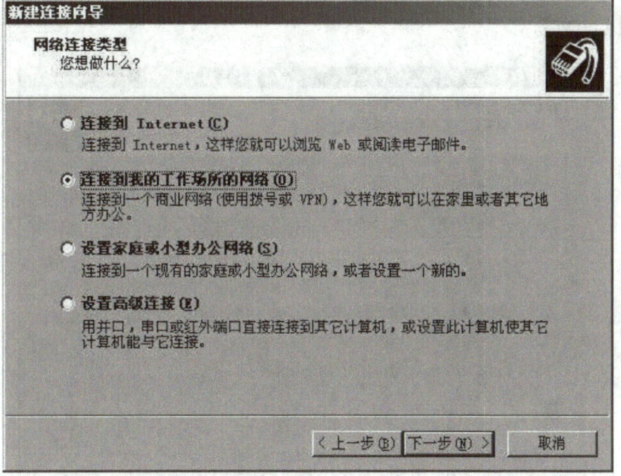

图13-8　网络连接类型

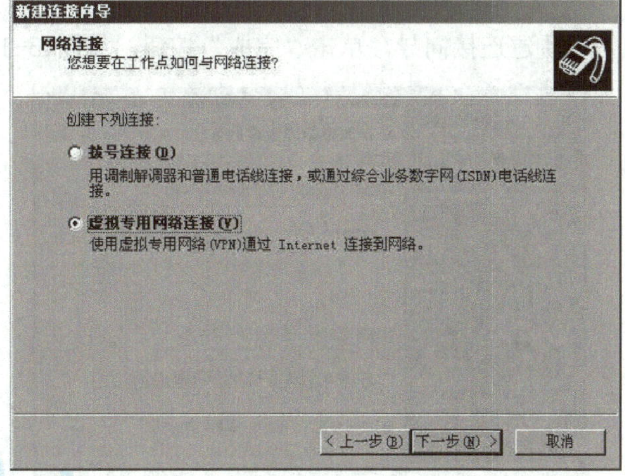

图13-9　网络连接

在出现的“连接名”对话框中输入连接的名称，单击“下一步”按钮，如图13-10所示。

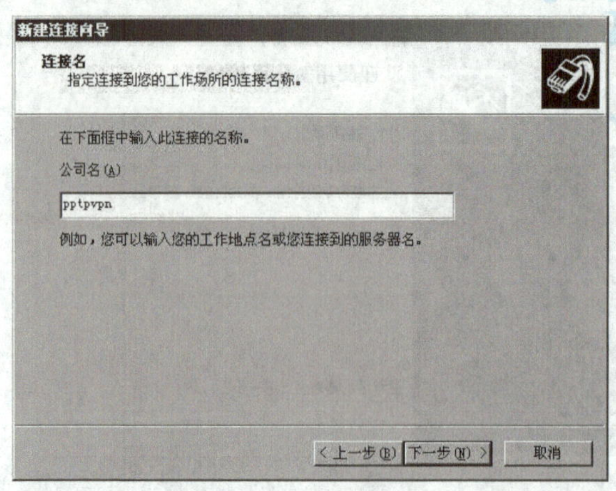

图13-10　连接名

在出现的“VPN服务器选择”对话框中输入VPN服务器的域名或者IP地址，单击“下一步”按钮，如图13-11所示。

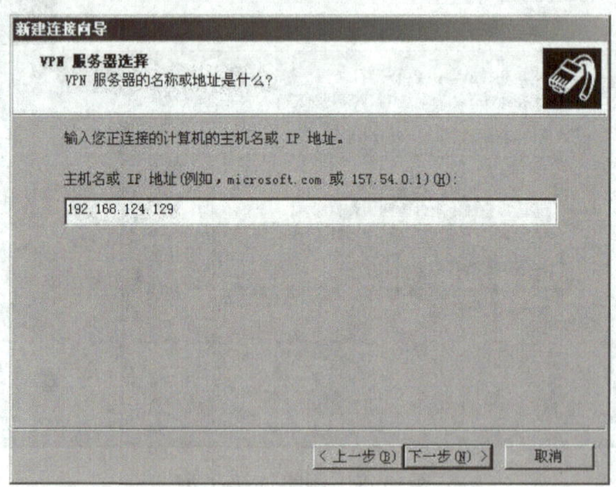

图13-11　VPN服务器选择

最后显示“正在完成新建连接向导，单击“完成”按钮，如图13-12所示。

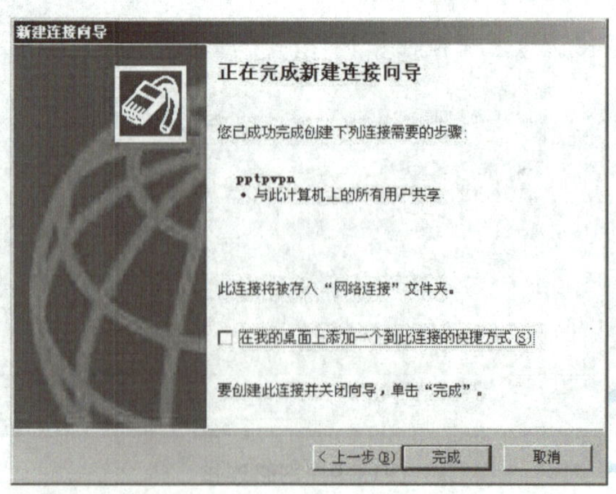

图13-12　完成新建连接向导

完成向导之后系统会自动弹出连接VPN的客户端，这里对VPN客户端进行设定，单击“属性”按钮，如图13-13所示。

图13-13　VPN登录客户端界面

点击安全标签，选择高级（自定义设置），点击设置按钮，如图13-14所示。

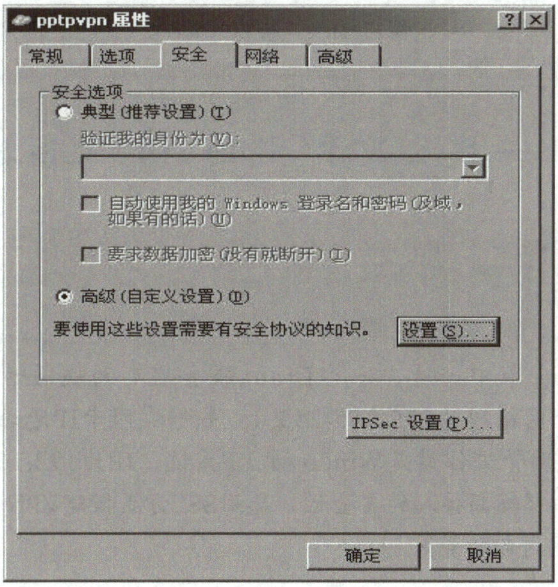

图13-14　VPN客户端属性配置

在数据加密中选择可选加密（没有加密也可以连接），并点击允许这些协议，选中质询握手身份验证协议（CHAP），点击“确定”按钮，如图13-15所示。

输入账号及密码点击“连接”按钮，即可连接VPN服务器，如果一切设置正常，会显示“正在网上注册您的计算机”，表明连接成功，如图13-16所示。

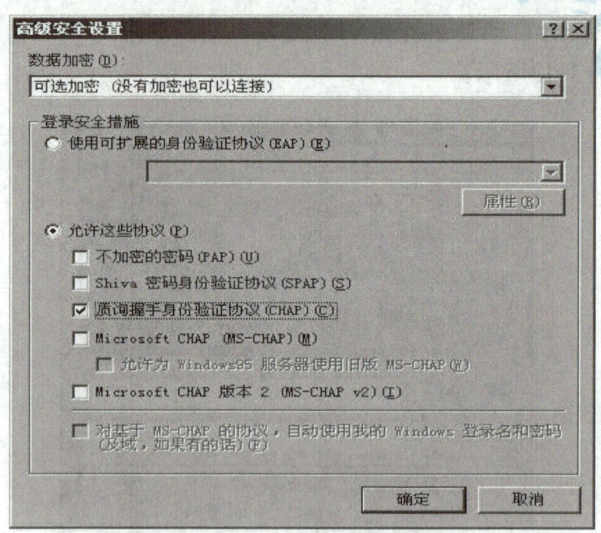

图13-15　配置CHAP方式认证

图13-16　连接VPN服务器

13.3　任务2——建立基于SSL的VPN服务器

13.3.1　需求分析

【任务情境】

任务环境与上一小节中一样，一台Linux服务器有两块网卡，一块网卡IP地址为192.168.124.129，子网掩码为255.255.255.0；另一块网卡IP地址为10.1.1.10，子网掩码为255.255.255.0，网管工作站是Windows XP系统，IP为192.168.124.1，子网掩码为255.255.255.0。但是希望提高接入的安全性，选用SSL方式搭建VPN服务器，使得互联网的用户能够访问到局域网内部的资源。

【任务分析】

要实现以SSL这种方式搭建VPN服务器，最理想的搭建平台无疑是openvpn。openvpn是一个开源项目，遵从GPL许可协议，能够运行于Linux、Windows2000/XP等多种操作系统。

可以到http://openvpn.net 下载最新的openvpn服务器端及客户端软件，进行安装配置。安装结束后查看服务器软件运行状态，从网管工作站模拟客户端登录VPN服务器进行验证。

13.3.2 配置方案

要搭建openvpn服务器，需下载Linux上的服务器软件及Windows上的客户端软件，这里到openvpn的官方网站下载最新的软件。默认情况下，openvpn提供源码安装包，需要系统安装gcc等编译软件，若没有安装此类编译软件，也可到http://dag.wieers.com/rpm/packages/openvpn/下载对应平台的rpm软件包，之前介绍过rpm软件包的安装方式，这里就不再重复。这里选用源码安装的方式安装openvpn软件。openvpn默认情况下需要压缩软件及加密软件的配合，这里介绍搭建openvpn常用的几款软件。

- openvpn：openvpn服务器软件。
- lzo：openvpn传输时用到的压缩数据库软件。
- openssl：提供加密以及验证的功能。
- openvpn-gui：openvpn Windows客户端软件。

上述软件部分系统默认安装，部分需要到网站http://openvpn.net下载最新的源码软件。

安装步骤如下：

1）在网管工作站打开浏览器，输入网址http://openvpn.net。

2）下载最新的openvpn、openvpn-gui和lzo软件包。

3）将openvpn和lzo上传至VPN服务器，安装软件包。

4）在网管工作站安装openvpn-gui客户端，测试openvpn的运行。

13.3.3 配置过程

具体配置步骤：

1）在文本模式下，以“root”身份登录到Linux系统。

2）查看系统中是否已安装openssl软件包。

```
[root@localhost ~]# rpm –qa openssl
[root@localhost ~]# whereis openssl
```

如图13-17所示，系统默认已安装了openssl软件包，安装路径为/usr/bin/openssl。

```
[root@localhost ~]# rpm -qa openssl
openssl-0.9.8b-10.el5
[root@localhost ~]# whereis openssl
openssl: /usr/bin/openssl /usr/lib/openssl /usr/include/openssl /usr/share/man/man1/ope
nssl.1ssl.gz
```

图13-17　查询是否安装openssl软件包

3）在网管工作站，打开浏览器，输入网址http://openvpn.net，将会打开openvpn的官方网站。下载最新的openvpn服务器软件、lzo压缩软件以及openvpn-gui windows客户端软件。

4）将下载的软件包上传至VPN服务器。在服务器上临时打开一个FTP服务，将文件上传至FTP中，在FTP根目录创建一个文件夹名为openvpn，用来存放软件包lzo和openvpn。

5）安装软件包lzo和openvpn。

```
[root@localhost openvpn]#tar zxvf  lzo-2.02.tar.gz
[root@localhost openvpn]# cd lzo-2.02
[root@localhost lzo-2.02]#./configure
[root@localhost lzo-2.02]#make
[root@localhost lzo-2.02]#make install
```

执行上面的代码完成lzo软件包的源码安装。

```
[root@localhost openvpn]#tar zxvf  openvpn-2.0.9.tar.gz
[root@localhost openvpn]# cd openvpn-2.0.9
[root@localhost openvpn-2.0.9]# ./configure --with-lzo-headers=/usr/local/include/ --with-lzo-lib=/usr/local/lib --with-ssl-headers=/usr/include/openssl --with-ssl-lib=/usr/lib/openssl
[root@localhost openvpn-2.0.9]#make
[root@localhost openvpn-2.0.9]#make install
```

通过上述命令完成openvpn的源码安装，需要说明的是，在openvpn编译安装之前的configure命令，后面跟的with选项是指定lzo软件和openssl软件的位置及其函数库的位置，整体是一条命令，一次性输完。如果在执行命令中没有错误，那么就完成了openvpn的安装。

6）生成证书key。首先进入到openvpn-2.0.9目录中的easy-rsa目录下，执行下列代码。

```
export D=`pwd`
export KEY_CONFIG=$D/openssl.cnf
export KEY_DIR=$D/keys
export KEY_SIZE=1024
export KEY_COUNTRY=CN
export KEY_PROVINCE=LN
export KEY_CITY=DL
export KEY_ORG="dalian"
export KEY_EMAIL="john@163.com"
```

如图13-18所示，导入证书内容，其中设置D为临时变量用来存放pwd命令执行的结果，之后用$D调用。

```
[root@localhost openvpn-2.0.9]# cd easy-rsa/
[root@localhost easy-rsa]# export D=`pwd`
[root@localhost easy-rsa]# export KEY_CONFIG=$D/openssl.cnf
[root@localhost easy-rsa]# export KEY_DIR=$D/keys
[root@localhost easy-rsa]# export KEY_SIZE=1024
[root@localhost easy-rsa]# export KEY_COUNTRY=CN
[root@localhost easy-rsa]# export KEY_PROVINCE=LN
[root@localhost easy-rsa]# export KEY_CITY=DL
[root@localhost easy-rsa]# export KEY_ORG="dalian"
[root@localhost easy-rsa]# export KEY_EMAIL="john@163.com"
```

图13-18　导入证书内容

```
[root@localhost easy-rsa]# ./clean-all
[root@localhost easy-rsa]# ./build-ca
```

执行上面两条命令，先清空之前的配置，创建一个证书key。在创建的过程中会提示输入一些信息，其中server的hostname输入server，其余默认输入回车即可。

7）建立server端和client端key。分别使用下面的命令建立server端key和client端key。

```
[root@localhost easy-rsa]# ./build-key-server server
[root@localhost easy-rsa]# ./build-key client1
```

执行两条命令同创建证书key一样，会要求输入一些基本信息，默认即可，两者区别在于server的hostname，创建server key则输入server，创建client端key则输入client1，代表1个客户端，如图13-19、图13-20所示。

```
Country Name (2 letter code) [CN]:
State or Province Name (full name) [LN]:
Locality Name (eg, city) [DL]:
Organization Name (eg, company) [dalian]:
Organizational Unit Name (eg, section) []:
Common Name (eg, your name or your server's hostname) []:server
Email Address [john@163.com]:
```

图13-19　建立server端key

```
Country Name (2 letter code) [CN]:
State or Province Name (full name) [LN]:
Locality Name (eg, city) [DL]:
Organization Name (eg, company) [dalian]:
Organizational Unit Name (eg, section) []:
Common Name (eg, your name or your server's hostname) []:client1
Email Address [john@163.com]:
```

图13-20　建立client端key

若有多个客户端，则多次执行./build-key命令，例如创建client2和client3。

```
[root@localhost easy-rsa]# ./build-key client2
[root@localhost easy-rsa]# ./build-key client3
```

8）将keys下所有文件打包下载到网管工作站。

```
[root@localhost openvpn]# tar –cf keys.tar openvpn-2.0.9/easy-rsa/keys
```

在FTP的openvpn目录下执行上面的压缩命令，会生成一个keys.tar文件，将此文件下载到网管工作站，并进行解压缩操作。

9）创建服务端配置文件。在软件安装的目录中，提供了配置文件的样例，可以在此基础上稍加修改，作为自己的配置文件。

```
[root@localhost openvpn]# cd openvpn-2.0.9/sample-config-files/
[root@localhost sample-config-files]# cp server.conf /usr/local/etc
```

编辑服务器端配置文件/usr/local/etc/server.conf，对文件做如下修改。

```
local 192.168.124.129
ca /var/ftp/openvpn/openvpn-2.0.9/easy-rsa/keys/ca.crt
cert /var/ftp/openvpn/openvpn-2.0.9/easy-rsa/keys/server.crt
key /var/ftp/openvpn/openvpn-2.0.9/easy-rsa/keys/server.key
dh /var/ftp/openvpn/openvpn-2.0.9/easy-rsa/keys/dh1024.pem
server 10.1.1.0 255.255.255.0
```

其中第一行指定连接外网的IP地址，后面跟着4个认证相关的文件，要指定文件所在的具体目录，最后一行是VPN服务器分配的内网网段。

10）安装Windows客户端，配置客户端。安装openvpn-gui，默认安装即可，软件安装完成后，会为系统添加一块新的网卡，网卡类型为TAP-Win32，在没有VPN连接时，网卡显示网络电缆没有插好，若连接VPN，该网卡会自动显示连接状态。

在软件的目录下，会产成一个config目录，这是openvpn客户端的配置目录，将刚从服务器下载的keys.tar文件解压到此目录。

在此目录下新建一个名为client.ovpn的文件，输入下列代码。

```
client
dev tun
proto udp
remote 192.168.124.129 1194
persist-key
persist-tun
ca ca.crt
cert client1.crt
key client1.key
ns-cert-type server
comp-lzo
verb 3
```

其中包括连接服务器得IP地址及端口号，连接时使用的证书及client key。

13.3.4 应用测试

1）启动openvpn服务器。启动/usr/local/sbin目录下的openvpn程序，指定配置文件的目录，命令如下。

```
[root@localhost openvpn]# /usr/local/sbin/openvpn --config /usr/local/etc/server.conf
```

2）启动客户端连接验证。启动openvpn-gui软件，在桌面的右下角会出现一个未连接状态下的openvpn-gui小图标，如图13-21所示。

图13-21 未连接状态下的openvpn-gui图标

在没有连接的状态下，图标为红色；在连接但不成功地状态下，图标为黄色；连接成功后，图标为绿色。右键点击openvpn gui图标，选择connect，若系统正常运行的情况，则会连接VPN服务器成功，显示如图13-22所示。

图13-22 连接成功状态的openvpn-gui图标

3）测试连通性。在网管工作站，打开一个DOS窗口，输入ping 10.1.1.1，测试与内部网络10.1.1.1网络的连通性，如图13-23所示，测试外网客户端与内部网络的连通性。

```
C:\Documents and Settings\speed>ping 10.1.1.1

Pinging 10.1.1.1 with 32 bytes of data:

Reply from 10.1.1.1: bytes=32 time=13ms TTL=64
Reply from 10.1.1.1: bytes=32 time=1ms TTL=64
Reply from 10.1.1.1: bytes=32 time=1ms TTL=64
Reply from 10.1.1.1: bytes=32 time=1ms TTL=64

Ping statistics for 10.1.1.1:
    Packets: Sent = 4, Received = 4, Lost = 0 (0% loss),
Approximate round trip times in milli-seconds:
    Minimum = 1ms, Maximum = 13ms, Average = 4ms
```

图13-23　测试外网客户端与内部网络的连通性

表明已经可以成功的与内网进行通信，openvpn服务器搭建成功。

13.4　拓展实验

在pptp方式VPN服务器搭建过程中，发现了一个问题，如果进行VPN拨号，则会修改本机网关，把默认网关指向了VPN服务器，这有悖于VPN用户的初衷。尝试修改路由表，达到下述效果：访问VPN网络时，走VPN服务器线路，访问其他网络，仍然通过本机真实的网关。

本 章 小 结

本章介绍了在Linux系统平台上实现VPN的两种方法，各自有各自的特点及其适用场合，希望读者能够通过实践了解各自的优缺点。

附 录

拓展实验提示

1.3 拓展实验

1）“/”根分区和“swap”交换分区。

2）eth1。

3）man。

4）/etc/：几乎系统的所有配置文件，尤其passwd、shadow。

/boot：开机配置文件，也是预设摆放核心vmlinuz的地方。

/usr/bin, /bin：一般可执行文件。

/dev：摆放所有系统设备文件的目录。

/var/log：摆放系统登录日志的地方。

5）mkdir、rmdir、mv、cp。

6）chmod 754 filename或chmod u=rwx,g=rx,o=r filename。

7）du -k, du –i。

8）history。

!6。

9）账号；密码；UID；GID；说明的内容；家目录；SHELL。

10）free, top,

编辑：crontab －e,

查看：crontab －l,

删除：crontab －r。

2.6 拓展实验

实现安全的远程管理Linux服务器。

关键步骤：

1）至少使用两台计算机搭建实验环境，可以通过VMWare 6.0虚拟机搭建网络环境。

2）在Linux服务器上安装并启动OpenSSH，并设置不允许使用root用户远程登录。

3）在Linux服务器上建立一个普通身份的用户并设置密码，如user1。这个用户用于客户端远程登录Linux服务器。

4）其他步骤参考本章的各个任务。

3.5 拓展实验

有时，一台域名解析服务器不需要维护一个独立的区域，则此时可以采用缓冲域名服务器的方法。搭建一台缓冲域名服务器，仅提供DNS解析的功能，当接到一个DNS解析请求时，转发给已知的DNS服务器，接受到解析结果后，反馈给客户并在服务器上缓冲一段时间。同时思考如何限制一台DNS服务器只接受特定用户的DNS解析请求，减轻DNS服务器的负担，增加系统的安全性。

关键步骤：

在options中添加下面参数。

```
forwarders {
        已知DNS服务器，可配置多个，按顺序转发;
        };
allow-query {
        IP地址列表，默认这里是any;
        };
```

其中forwarders用来指定已知的DNS服务器，allow-query用来限定允许使用这台服务器的IP地址范围，减轻DNS服务器的负担，增加系统的安全性。

4.5 拓展实验

默认情况下，tomcat需要手动执行/usr/local/tomcat/bin/startup.sh脚本，启动tomcat服务，请读者尝试将tomcat配置成系统服务，随系统自动启动。

关键步骤：

1）在tomcat中的bin目录下包含一个名为jsvc.tar.gz的软件包，进入bin目录下，做如下操作。

```
tar zxvf jsvc.tar.gz
cd jsvc-src
chmod +x configure
./configure --with-java=/usr/jdk  #jdk安装路径
make
```

其中configure命令中的“--with-java”参数，用来指定系统中jdk的安装路径，完成上述操作后，会生成jsvc工具。

2）添加用户tomcat，并修改相应的权限。

```
useradd tomcat
groupadd tomcat
usermod -G tomcat tomcat
```

```
chown -R tomcat /usr/local/tomcat
cp /usr/local/tomcat/bin/jsvc-src/native/Tomcat5.sh /etc/init.d/tomcat
chmod 755 /etc/init.d/tomcat
```

3）编辑脚本文件tomcat。

```
vi /etc/init.d/tomcat
```

清空原有内容，添加如下代码，需要注意的是根据系统实际的安装路径修改对应的环境变量值，具体已作标注。

```
#!/bin/sh
#
#Startup Script for Tomcat
#
# chkconfig: 345 88 14
# description: Tomcat Daemon
# processname: jsvc
# pidfile: /var/run/jsvc.pid
# config:
#
# Source function library.
. /etc/rc.d/init.d/functions
#
prog=tomcat
#
JAVA_HOME=/usr/jdk                              # 这里指定jdk路径
CATALINA_HOME=/usr/local/tomcat                 # 这里修改tomcat路径
DAEMON_HOME=/usr/local/tomcat/bin               # 这里修改tomcat路径
#TOMCAT_USER=tomcat
TOMCAT_USER=tomcat                              # 这里指定刚才新建的tomcat用户
# for multi instances adapt those lines.
TMP_DIR=/var/tmp
PID_FILE=/var/run/jsvc.pid
CATALINA_BASE=/usr/local/tomcat                 # 这里修改tomcat路径
CATALINA_OPTS=
CLASSPATH=\
$JAVA_HOME/lib/tools.jar:\
$CATALINA_HOME/bin/commons-daemon.jar:\
$CATALINA_HOME/bin/bootstrap.jar
case "$1" in
    start)
      #
```

```
        # Start Tomcat
        #
        $DAEMON_HOME/jsvc-src/jsvc \
        -user $TOMCAT_USER \
        -home $JAVA_HOME \
        -Dcatalina.home=$CATALINA_HOME \
        -Dcatalina.base=$CATALINA_BASE \
        -Djava.io.tmpdir=$TMP_DIR \
        -wait 10 \
        -pidfile $PID_FILE \
        -outfile $CATALINA_HOME/logs/catalina.out \
        -errfile '&1' \
        $CATALINA_OPTS \
        -cp $CLASSPATH \
        org.apache.catalina.startup.Bootstrap
        #
        # To get a verbose JVM
        #-verbose \
        # To get a debug of jsvc.
        #-debug \
        exit $?
        ;;
    stop)
        #
        # Stop Tomcat
        #
        $DAEMON_HOME/jsvc-src/jsvc \
        -stop \
        -pidfile $PID_FILE \
        org.apache.catalina.startup.Bootstrap
        exit $?
        ;;
    *)
        echo "Usage tomcat.sh start/stop"
        exit 1;;
esac
```

4）将tomcat服务添加到系统服务中，随系统启动自启动。

执行chkconfig --add tomcat添加tomcat服务，同时也可以运行service tomcat start，启动tomcat服务，用命令netstat -tnl 察看8080端口的状态，验证服务启动情况，代码如下。

```
chkconfig --add tomcat
```

```
service tomcat start
netstat -tnl
```

5.5 拓展实验

在任务3中选用db4数据库存放虚拟用户的用户名及密码，事实上可以采用MySQL数据库来存放用户名及密码。在sourceforge上有一个关于pam-mysql的开源项目可以实现MySQL数据库形式的虚拟用户。尝试完成MySQL数据库形式的虚拟用户。

关键步骤：

1）创建虚拟用户并赋予权限。

```
#useradd vsftpd
#passwd vsftpd
#chown –R vsftpd.vsftpd /var/ftp
```

输入123456 两次，作为vsftpd用户的密码，将ftp的根目录权限赋予新建的vsftpd用户。

2）登录mysql数据库，创建数据库。

```
# mysql –p
mysql>create database vsftpd; 创建vsftpd使用的数据库
mysql>use vsftpd; 切换数据库
mysql>create table user(name char(50) binary,passwd char(50) binary);
mysql>insert into user (name,passwd) values ('user1','12345'); 创建用户user1
mysql>insert into user (name,passwd) values ('user2','54321'); 创建用户user2
mysql>grant select on vsftpd.user to vsftpd@localhost identified by '123456'; 授权
mysql>flush privileges; 刷新权限设置
mysql>quit
```

3）下载pam-mysql进行安装编译。

下载地址如下：

http://jaist.dl.sourceforge.net/sourceforge/pam-mysql/pam_mysql-0.7RC1.tar.gz

个人习惯将需要编译安装的文件放在/root/source目录下。

```
#mkdir /root/source
#cd /root/source
# wget http://jaist.dl.sourceforge.net/sourceforge/pam-mysql/pam_mysql-0.7RC1.tar.gz
# tar xzvf pam_mysql-0.7RC1.tar.gz
# cd pam_mysql-0.7RC1
# ./configure –with-openssl
#make
#make install
# cp /usr/lib/security/pam_mysql.so /lib/security
```

其中configure命令需要指定参数--with-openssl，不然make会有错误，执行完make

install命令后，会在/usr/lib/security目录下生成一个pam_mysql.so文件，将此文件复制到/lib/security目录下即完成编译安装部分的工作。

4）建立PAM认证信息。

编辑PAM认证配置文件。

```
# vi /etc/pam.d/ftp
```

输入下面内容。

```
auth required /lib/security/pam_mysql.so user=vsftpd passwd=123456 host=localhost db=vsftpd table=user usercolumn=name passwdcolumn=passwd crypt=0
account required /lib/security/pam_mysql.so user=vsftpd passwd=123456 host=localhost db=vsftpd table=user usercolumn=name passwdcolumn=passwd crypt=0
```

5）修改vsftpd.conf文件。

```
# vi /etc/vsftpd/vsftpd.conf
anonymous_enable=NO
local_enable=YES
write_enable=YES
local_umask=022
anon_upload_enable=YES
anon_mkdir_write_enable=YES
anon_other_write_enable=YES
pam_service_name=/etc/pam.d/ftpd        # 这里指定pam配置文件
guest_enable=YES
guest_username=vsftpd                   # 这里指定新建的用户vsftpd
local_root=/var/ftp
anon_world_readable_only=NO
virtual_use_local_privs=YES
user_config_dir=/etc/vsftpd_user_conf
```

至此，就完成了用MySQL数据库存放虚拟用户的配置过程。

6.4 拓展实验

配置iptables，通过ADSL实现共享访问Internet。

关键步骤：

1）按照给出的网络连接拓扑图连接网络。

2）设置网卡IP地址。

3）建立ADSL连接。

① 下载一个PPPoE客户端拨号软件，建议使用免费的rp-pppoe。

② 安装rp-pppoe。

③ 设置ADSL连接参数，使用命令adsl-setup，按照向导提示输入必要的参数。

◆ 输入ADSL账号的用户名。

◆ 输入与ASDL猫连接的网卡名称，如，eth1。

◆ 设置不按需拨号，输入no。

◆ 如果知道DNS地址，可直接输入；如果使用自动获取，则输入server。

◆ 输入ADSL账号口令。

◆ 设置不允许一般用户断开，输入no。

◆ 不启用防火墙，输入no。

◆ 设置启动时不自动拨号，输入no。

◆ 最后，保存设置，输入y。

④ADSL拨号，输入命令adsl-start。可使用命令adsl-status查看ADSL连接状态。

```
/sbin/adsl-start
```

4）使用iptables的IP伪装实现NAT。使用如下命令。

```
echo “1” >/proc/sys/net/ipv4/ip_forward
/sbin/iptables -t nat -A POSTROUTING –o ppp0 –j MASQUERADE
```

5）设置客户端。

6）测试。

7.4 拓展实验

配置Squid透明代理服务，实现用户的Internet访问。

关键步骤：

1）按照给出的网络连接拓扑图连接网络。

2）建立一台DHCP服务器。分配IP范围：192.168.1.2~192.168.1.254，网关：192.168.1.1，DNS：（由ISP提供）。

3）设置网卡的IP地址。eth0：192.168.1.1，子网掩码255.255.255.0；eth1：202.96.6.5，子网掩码255.255.255.252。

4）建立Squid服务器。

5）配置Squid的透明代理服务，使用3128端口。

6）配置iptables的NAT。

7）配置NAT，重定向80端口的访问请求到3128端口。

8）设置客户端为自动获取IP，而不必设置通过代理服务访问。

8.5 拓展实验

设置基本的DHCP服务器。

关键步骤：

1）在Windows XP系统的PC上，安装VMWare 6.0软件，新建虚拟机，在虚拟机上安装RHEL5，搭建实验环境。

2）在Linux系统上，安装DHCP服务器软件。

3）修改DHCP的配置文件，包括分配IP范围、网关、DNS。

4）启动DHCP服务。

5）设置客户端为自动获取IP，并测试、查看是否可以自动获取IP配置。注意，在一个机房网络环境中，如果多人同时设置了DHCP服务器，自己的客户端PC可能会抓取其他DHCP服务器的IP。

6）绑定客户端的MAC地址到192.168.1.168，再次测试该客户端的IP配置。Windows用户，可使用DOS命令ipconfig/renew，应该抓取到DHCP服务器绑定的IP地址。

9.5 拓展实验

通过任务2的配置，实现了将一封邮件发送给一位收件人的功能，但有时候需要将同一封邮件同时发送给一组收件人，尝试使用用户别名机制完成邮件的群发功能，即发送给某个用户别名的邮件会转发到多个真实的用户邮箱中。

关键步骤：

1）编辑/etc/postfix/main.cf

在主配置文件中指定用户别名定义的文件路径，以及存放别名表的数据库路径

```
alias_maps = hash:/etc/aliases
alias_database = hash:/etc/aliases
```

2）编辑用户别名文件/etc/aliases。

```
组名: 成员名1,成员名2
```

按上述格式添加一组成员，若想实现群发，只需将收件人指定为组名即可。

3）重新读取配置文件，使配置生效。

```
#postalias /etc/aliases
#postfix reload
```

10.5 拓展实验

关键步骤：

1）建立3个用户user1、user2、user3。

2）创建目录/home/share，修改share权限，user1为其所有者。

3）修改smb配置文件，在“[share]”中加入：

read list = user2

write list = user1

4）打印共享见10.4。

11.5 拓展实验

关键步骤：

命令模式建表和记录插入及其数据库备份参见11.3.3。

12.5 拓展实验

quagga软件不仅支持像rip、ospf以及bgp的ipv4的路由协议，同样也支持ipv6的路由协议ripng和ospf6，尝试起用ripng路由协议，并作基本的配置。

关键步骤：

1）编辑配置文件ripngd.conf。

quagga软件默认安装后，会生成各类路由协议的一个配置样本，复制配置样本即可完成ripngd.conf的编辑工作。

```
#cd /etc/quagga
#cp ripngd.conf.sample ripngd.conf
#vi ripngd.conf
```

需要注意的是，如果该文件为空文件，则至少需添加如下一行代码。

```
password zebra
```

这里设定登录ripngd服务的登录密码，如果没有设定，将无法完成登录。

2）启动ripngd服务，并登录。

```
service ripngd start
telnet ::1 ripngd
```

可以查看/etc/services文件，查找ripngd所占用的端口，ripngd占用2603端口，故telnet命令中的ripngd也可以用2603代替，::1代表ipv6中的回环地址。

3）配置ripngd。

步骤同ripd配置，需要注意的是，这里宣告的网络地址应该是ipv6的地址。

13.4 拓展实验

在pptp方式VPN服务器搭建过程中，发现了一个问题，如果进行VPN拨号，则会修改本机网关，把默认网关指向了VPN服务器，这有悖于VPN用户的初衷。尝试修改路由表，达到下述效果：访问VPN网络时，走VPN服务器线路，访问其他网络，仍然通过本机真实的网关。

关键步骤：

Windows的路由表可以通过在DOS界面下，运行route print命令查看，而且提供route命令可以对路由表进行修改，假定VPN连接成功后的虚拟IP地址为10.8.0.10，VPN网关为10.8.0.1，根据实验的要求，只需执行下面命令，即可完成。

```
route delete 0.0.0.0 mask 0.0.0.0 10.8.0.1
route add 10.8.0.0 mask 255.255.255.0 10.8.0.1
```

本实验步骤虽然简单，但是提供了一个解决特殊需求的思路，希望读者灵活运用Windows及Linux相关命令。

参考文献

[1] 林慧琛，刘殊，尤国君．Red Hat Linux服务器配置与应用[M]．北京：人民邮电出版社，2006．

[2] 梁如军，丛日权．Red Hat Linux 9网络服务[M]．北京：机械工业出版社，2003．

[3] 曹希立，张金波．Linux操作系统实训教程[M]．北京：海洋出版社，2006．

[4] 李蔚泽．Red Hat Linux 9架站实务[M]．北京：机械工业出版社，2004．

[5] 李蔚泽．Fedora Core 3 Linux架站实务[M]．北京：中国铁道出版社，2006．

[6] 林彦明．Novell SUSE Linux Enterprise Server 9管理手册[M]．北京：机械工业出版社，2006．

[7] 林晓飞，倪春胜，张军．Red Hat Enterprise Linux 4.0系统配置与管理[M]．北京：清华大学出版社，2007．

[8] 宇骏信息技术有限公司．Linux应用与管理培训教程[M]．北京：红旗出版社，2005．